读懂自己比
读懂别人更重要

刘 川◎编著

上帝在创造人类之时，给了我们两只眼睛，一只眼睛要我们看别人，一只眼睛要我们看自己。只是我们总是把看别人的那只眼睛睁得很大，却把看自己的那只眼睛眯了起来。所以，读懂自己总是要比读懂别人难得多。

中国华侨出版社

图书在版编目（CIP）数据

读懂自己比读懂别人更重要／刘川编著．—北京：中国华侨出版社，
2013.1
ISBN 978 - 7 - 5113 - 3165 - 6

Ⅰ.①读… Ⅱ.①刘… Ⅲ.①成功心理 - 通俗读物
Ⅳ.①B848.4 - 49

中国版本图书馆 CIP 数据核字（2012）第 312712 号

●读懂自己比读懂别人更重要

编　著／刘　川
责任编辑／毕　诚
封面设计／智杰轩图书
经　销／新华书店
开　本／710 × 1000 毫米　1/16　印张 16　字数 180 千字
印　刷／北京一鑫印务有限责任公司
版　次／2013 年 1 月第 1 版　2019 年 8 月第 2 次印刷
书　号／ISBN978 - 7 - 5113 - 3165 - 6
定　价／32.00 元

中国华侨出版社　　北京朝阳区静安里 26 号通成达大厦 3 层　　邮编 100028
法律顾问：陈鹰律师事务所
编辑部：（010）64443056　　64443979
发行部：（010）64443051　　传真：64439708
网　址：www.oveaschin.com
e - mail：oveaschin@ sina.com

前言

上帝在创造人类之时，给了我们两只眼睛，一只眼睛要我们看别人，一只眼睛要我们看自己。只是我们总是把看别人的那只眼睛睁得很大，却把看自己的那只眼睛眯了起来。所以，读懂自己总是要比读懂别人难得多。

我们都希望自己的人生多姿多彩，于是如何经营自己的人生成了一个永远也讨论不完的话题。其实我们要想经营好自己的人生，那么首先就要读懂自己，读懂自己要比读懂别人重要得多。

读懂自己，这是一种难得的智慧。许多人做不到，于是穷尽一生也没有想明白自己究竟想要怎样的生活；或者说，他们对生活有所期望，但因为没有读懂自己，反而将生活经营得一团糟。

一个没有自知之明的人，往往自以为是、自命不凡，其实是志大才疏，殊不知一山还比一山高，我们在浩瀚人海中不过是沧海一粟；人若是没有自知之明，也可能看不起自己，于是妄自菲薄、自怨自艾，看上去一副楚楚可怜的样子，殊不知，你若看不起自己，谁又会高看你？

是的，只有读懂自己，我们才能知道自己的优势与劣势，才会知道如何根据自己的特点去经营生活；只有读懂自己，我们才能丰

富自己的认知，用心去感知这个世界；只有读懂自己，我们才能让心释然，快乐、幸福地生活在天地之间；只有读懂自己，我们才能优化自己的性情，给予亲人、朋友最真诚的帮助和情感。人，若是在还没有老去之前，明白为人处世的哲学，知道活着的意义，那对于我们而言，将是多么大的幸事！

做最快乐的自己，就必须要读懂自己，进而才能丰富自己，乃至超越自己，让生命焕发活力、激情四溢。你若真的做到了，也就成就了自己，活着，也就不会那么累了。

目录

一、别被尘嚣蒙蔽双眼，你要看清你自己

我们常说认清一个人无非就是看清他是好是坏。其实，别人的缺点总是很容易被我们发现，而他们的优点又总会被我们刻意忽略。相反，对于自己的缺点，我们总是有意无意地将其掩饰，而我们的优点又总是被自己无限放大。这种情况下，认清自己显然要比认清别人难得多。学会客观地剖析自己，这个过程或许是痛苦的，但只有了解真实的自己，我们才能真正地提高自己。

二、究竟未来何等模样，你是否概念清晰

能人与庸人的根本差别，不是天赋，不是机遇，而在于有无目标。人生一如大海行船，若是没有航行目标，任何方向的风都是逆风。有了目标，我们的心才会找到方向。无论我们现在的年龄有多大，真正的人生都要从设定目标开始，在此之前只不过是在兜圈子而已。

三、低调是成功的开头，你肯不肯低头

你或许觉得自己无所不知，你或许觉得自己无所不能，你或许觉得自己高人一等，你或许觉得天赋异禀，于是，你觉得自己拥有了高调的资本。事实上，这世界上每一份成功的事业，都是从低调开始的，由低到高，步步为营，这是成功不变的程序。

四、总是抱怨人生庸碌，是否你不够投入

我们常常抱怨人生平淡无奇，抱怨这生活太过乏味、庸碌。我们将这一切归咎于"天公不作美"，归咎于"世界太不公平"，归咎于"不可遇的机遇"……但你有没有想过，我们究竟做过些什么？你有没有想过，人生如此庸碌，是不是你不够投入？

五、要走路难免跌跟头，你是不是输不起

跌倒了，就坐在那里哭，总觉得你是最不幸的人，好像整个世界都与你作对一样。但事实上，世界不会刻意为难你，没有人、也没有必要偏偏与你作对。有些人过得好，是因为他们能在跌倒以后迅速爬起来，有些人过得不好，很大程度上是因为他们输不起！

六、是别人看你不顺眼，还是你自己有缺点

是不是总是觉得别人看你不顺眼？是不是觉得被人刻意排斥？是不是觉得自己很是委屈？可是你有没有想过，那么多人在一起，为何你不受待见？你有没有想过，自己究竟什么地方惹人烦？其实我们真的有必要弄清楚，究竟是别人在有意为难，还是我们自己有缺点。

七、同进公司那一拨人，缘何数你混得差

想当年，你们一同走进公司的大门；想当年，你们共患难；想当年，你们闲暇之余喝酒聊天。现如今，人家一升再升，意气风发，个个旧貌换新颜，唯独你，依然原地踏步、默默无闻。你心有不甘，你满腹抱怨，但你可曾想过，相差无几的一拨人，为何就你混得差？你是不是还没有掌握职场上的窍门？

八、且看人家呼朋唤友，怎么你形单影只

有道是：在家靠父母，出门靠朋友。没有朋友你靠谁？可是，为何别人宾朋满座、觥筹交错，偏偏你就形单影只、黯然落寞？其实，你真应该好好审视一下自己，看看究竟是什么原因让你与别人产生如此大的距离。

九、总是感觉活得很累，是不是追求不对

你总是觉得自己活得很累，甚至有时感觉自己无路可退，你越是挣扎，就越发疲惫。你感慨生活让人受罪，你不断求索，试图通过满足渴望来体会幸福的滋味，然而又总是得不到。其实这时，你应该停下忙碌的脚步，用心想想，自己的追求到底对不对。

十、一辈子无非图个乐，为何你就眉紧锁

生活原本有很多乐趣，为什么你总是愁眉紧锁？关键还在于你的心态，一个人心里想着快乐的事情，他就会变得快乐；心里想着伤心的事情，心情就会变得灰暗。那么，我们为何不放下烦恼，让自己活得更加快乐呢？现在，请仔细想一想，你究竟应该放下些什么。

一、别被尘嚣蒙蔽双眼，你要看清你自己

　　我们常说认清一个人无非就是看清他是好是坏。其实，别人的缺点总是很容易被我们发现，而他们的优点又总会被我们刻意忽略。相反，对于自己的缺点，我们总是有意无意地将其掩饰，而我们的优点又总是被自己无限放大。这种情况下，认清自己显然要比认清别人难得多。学会客观地剖析自己，这个过程或许是痛苦的，但只有了解真实的自己，我们才能真正地提高自己。

自知者谓之"明"

人生是一个不可逆转与重复的过程，要提高人的社会价值，使人生更有意义，就必须善于认识自己、控制自己，使个人的发展与社会的进步相协调、相匹配。精神层面的提升源于不断地思考、认知、体验和调节，并决定了以怎样的姿态存活于世，正如于身前置一面镜子，你看到的，就是你所选择、要表达的。

"自知"这个词朋友们都不陌生，就是人对自己的了解。人常说"贵在有自知之明"，一个"贵"字，足以见得自知是何其不易；又一个"明"字，更可见自知是何其地智慧。其实，咱们多数人都是不自知的，这就像"目不见睫"——人眼可以看到百尺以外的东西，却看不到自己的睫毛，又或可以说"不识庐山真面目，只缘身在此山中"。

事实上，我们没有必要给自己太多的粉饰，人不自知，归根结底还是自我意识太重、主观性太强。是的，我们都认为自己不错，也喜欢听别人夸赞自己，而对于自己的缺陷，我们会本能地去掩饰，对于别人的批评，我们会本能地去排斥。于是久而久之，我们心中的眼睛蒙了尘，便会越发地看不清自己。

不自知最常见的行为表现便是自恋，就像我们之中的一些人，总是觉得自己万般皆好，真是怎么看怎么顺眼，亦如唐人郑谷所说的那样——"举世何人肯自知，须逢精鉴定妍媸。若教嫫母临明镜，也道不劳红粉施。"嫫母是谁？黄帝的妻子，贤良淑德，但其相貌确实不敢恭维，郑谷以此为喻，倒是将世人的自恋姿态描绘得淋漓尽致。

生活中有些人，自以为是、自以为明、自骄自满……听到些许夸赞，便以为自己完美无缺；有了些许成绩，便以为自己无所不能；有点声名地位，便开始目中无人……不可否认，我们之中的确有这样的人存在，不管你现在是否到了这种地步，至少，我们应该在心里给自己拉响一个警钟，别让自己掉入"不自知"的陷阱之中。

曾经看到过这样一则寓言，很有启示意义，我们大家一起分享一下：

有只山羊突然来到栅栏外，它很想吃园内的白菜，可缝隙太小，它根本无法进入。这时，它不经意间瞥见了自己的影子，在阳光的斜射下，它的影子显得很长、很长……

"原来我竟如此高大，何必非要吃这白菜呢？我可以去吃树上的果子。"

小山羊奔向远方的一片果园，尚未到达目的地，日已近午，阳光照在头上，它的影子缩成了很小的一团。

"唉，我这么矮小，看来是没法吃到果子了，不如回去吃白菜吧。"但片刻之后，它又转悲为喜，"我现在这么苗条，钻进栅栏肯定不成问题！"

待回到栅栏外时，日已偏西，小山羊的影子再度被拉长。

"我为什么要回来？我不比长颈鹿矮，吃树上的果子毫不费力！"

就这样，小山羊往返于果园和栅栏之间，直至天黑仍然饿着肚子……

事实上，很多时候我们真的就和这只小山羊一样，我们的意识总是会受到不同环境的影响，因而失去了对自己的准确判断，于是，心中的那个"我"会诱使我们做出很多错误的举动。如果我们真心希望对自己有一个客观公正的了解，那么就必须换一个角度，跳出"自我"的怪圈，就像照镜子一样，不光要看正面，也要看反面，甚至对于自己的身高、体重、美丑都要做出一个客观的评价。

一个人，只有客观地看待自己，才能对事物做出准确的判断。反之，若是脱离基本事实，过高或过低地评价自己，为自己确立一个不合实际的定位，就只能重复着错误的选择，到头来自食苦果。

也可以这样说，我们的心中都有一杆秤，若是称轻了自己，那就很容易自卑；若是称重了自己，那就难免要自负。唯有称得恰如其分，我们才能实事求是地认知自己，知道自己的斤两，才能给自己一个准确的定位。不过事实是，我们称轻的时候有，但称重的时候更多，所以不免有些不知轻重，给自己带来了不少不必要的尴尬和痛苦。

显而易见，我们必须做到自知，知道自己是一个什么样的人，知道自己的优缺点，知道自己适合干什么又应该走什么样的路，只有这样，我们才能找准自己的社会定位而不至于迷茫。否则，纵然我们本身是块宝物，如果放错了地方，那也与废物无异。

美国大文学家马克·吐温就曾犯过这种错误。他年轻时和我们之中的很多人一样，每日做着发财梦，一心想在资本投资上捞一笔。

但事实上，这个人有文学头脑却无经济头脑，于是乎输得一塌糊涂。一直到了58岁那年，穷困潦倒的马克·吐温才认清自己，开始一心致力于写作。结果你猜怎么样？他仅仅用了3年的时间便还清了所有债务，最终成为举世闻名的大文豪。

这真的不由你不服气。一个人无论有多大才能，如果认不清自己，找不到适合自己发挥的场所，那就注定与成功无缘。

如今，站在纷扰复杂的世界上，前途渺茫，有时我们难免内心惶惶，对于生活抛给我们的选择题，我们若想选定一个正确答案，首先必须对自己有一个正确的认知，及时调整自己偏离的目标和行动步骤，只有这样我们才能少走弯路。

认清我们自己，这是必不可少的心灵练习。如此一来，我们才能够释放出最大的能量，或者说，我们才能进一步接近成功。

你的性格健康吗

"没有伟大的品格，就没有伟大的人，甚至没有伟大的艺术家，伟大的行动者"。是这样的，思想决定着人的性格，性格决定着人的行为，行为决定着人的习惯，习惯决定着人的命运！一个人的成功，正是许多优秀性格特征综合产生的结果。

人的性格世界像一个丰富多彩的百花园，走进这个百花园你就

能看清性格中的每个个体，看清个体之间的优点与缺点、有序与无序，看清个体与整体的关系。只有如此，你才能真正把握住性格的脉搏，追求到性格的美好与和谐。

当你了解性格的规律性后，你就会乐观地接受他人的个性，对他人豁达、宽容起来。不经过你本人同意，任何人无权让你感觉低人一等。你有享受快乐的权利，也有做一个卓越的人的权利。

需要注意的是：性格并无好坏之分。不同的性格、策略与原则，在迈向成功的道路上也会有不同的选择。每个人的性格里都自有一种优势存在，不要只盯住自己的个性弱点去苛求所谓的完美。

实际上，只要你不带着偏见深入地审视自己，总会找到属于自己个性中的优势。不同性格的人都可以成功，性格本身没有好坏之分，关键是我们如何去运用它，如何运用好的方法让大家都能够得到成长与成功，这就是性格分析可以带给我们的收获。

每一个人对成功的定义理解都不同，真正的成功应是全方位的，包括朋友、家庭、心灵、时间与金钱等。有段话说得很恰当：买得起房子，却买不到家庭；买得起好药，却买不来健康；买得起高档商品、化妆品，却买不来青春。没钱是万万不能的，但有钱也没什么了不起的，毕竟金钱买不来自己的真爱。人是精神和物质相交融的产物，你只有主宰了自身的性格优势，从而才能主宰自身的命运。

健康的性格作为人生的一种行为方式，其主要的性格行为取向被认为是个人充分发挥潜能和价值的能力。拥有健康性格无疑是现代人健康最主要的生活价值观取向。

了解自己的性格，不仅对个人重要，而且对社会也很重要。一个人要在社会中甚至在家庭中做一个有作为的参与者，就必须能与他人建立积极的关系。常常对人怀有敌意、忌妒、猜忌、分裂之心的人，仅顾自己、阴阳怪气、古怪孤僻的人，不但没有机会很好地参与社会生活，不能充分地发挥自己的潜能和价值，还会给人与人之间的关系带来伤害。由此，我们要积极地培养自己的健康性格，使自己能够很好地适应社会生活，保持内心的和谐。

了解自己，从人类丰富的知识宝库中汲取养料，以培养自己的智慧，提高自己的聪明才智。培养健康的性格，要学会从知识海洋中正确认识自身，处理好自己与行为的关系；学会战胜寂寞、绝望与烦忧，处理好自己与环境的关系；学会在工作中获取成就，处理好自己闲暇娱乐活动与工作的关系，从而形成自己良好的知识素养、文化素养、道德素养和思想素养；学会正确处理自己与他人的关系。一个人一生的奋斗过程其实就是战胜自我的一个过程。要想战胜自我，首先要尽量地了解自身的性格。假如对自身的性格优点、缺点都不甚了解，很难在工作中扬长避短、战胜自我。

每个人对自己要有一个基本的认识，能比较客观地看待自己的能力、性格。当你发展顺利、平步青云、一路鲜花掌声的时候，不要忘了时刻提醒自己要保持清醒，不能滋生骄傲情绪。要像刚起步时那样看待自己的朋友，看待生活，要一如既往地勤奋、忠实。很多人在取得一点成绩以后认不清自己，把自己和原来的"我"分开，同时也把自己和朋友、亲人分开，使自己游离于社会之外。其实，在很多人眼里，他这时已经是个另类人物。一个人一旦失去了一颗平常心，他也就离失败不远了。一些成功的企业家之所以会没落，就是因为没能很好地找准自己的坐标，没能把现在的自己和原来的自己联系起来。而且当一个人成功时，周围人的吹捧也是最容易令其乱方寸的，所以明白人永远是以自己心中的自我为基准，绝不在乎别人的吹捧。

任何人的性格，都是一个构造独特的世界，蕴藏着极大的能量。它的爆发，既可以将你推入万丈深渊，也可以助你走向成功的彼岸。了解自己，就要认识性格，认知性格的内涵，造就积极健康的心态；就要把握住命运的风帆，从而在潮起潮落的人生航程中不至于触礁遇险。

这些恶习你有没有

人常说习惯很难根除，但是可以被替换。换言之，你只能替换而不是抹去一个习惯。所以，当我们想要改掉某些坏习惯之前，最好想清楚该用哪些好习惯来代替它。

有人说："你的爱好就是你的方向，你的兴趣就是你的资本，你的习性就是你的命运！"窃以为此话颇有道理。习性，通俗一点说，就是我们对人、对事、对物所表现出来的、较稳定的态度。而这种态度又决定了我们的行为举止，譬如你习性淡泊，那么自然不喜欢争名夺利，自然不会去钩心斗角，如此一来，你往往能够得到许多朋友的尊敬和喜爱，其实这也不错。

显而易见，习性很大程度上会促使我们对某一事物做出"唯心"

的选择，当然，那只是"心"的选择，但未必就是"正确"的选择。也就是说，如果你这个习性是积极的，它会指引你做出正确的选择，那么你可能是有作为的、是成功的、是幸福的；相反，如果说你这个习性是消极的，那它极有可能会诱使你做出错误的选择，那么你的人生就有可能是平庸的、失败的，甚至是不幸的。

其实上天对每个人都是公平的，之所以还有那么多不幸福的人，也是因为有各种恶习在心头作祟。

那么，究竟是哪些恶习如此厉害呢？——无惭、无愧、嫉、悭、悔、眠、昏沉、掉举、嗔恨、覆。其实，这些恶习在我们的生活中是极为常见的。

所谓无惭，就是不知道惭愧。古人云："人不知耻，百事可为。"一个人不要脸面，什么不光彩的事都做得出来。

所谓无愧，就是不知自省的意思。就像俗话说的："人不知自丑，马不知面长。"一个人不知自省，他就看不到自己的缺点和不足，就不会去努力改进，那么，学问和做人功力就会停滞不前，事业和品德就难有长进。

嫉，就是忌妒。忌妒心特别强的人，将别人的收获看成自己的损失，为别人的成就暗自神伤。为了不让身边的人太得意，他经常在背后搞小动作，干一些损人不利己的勾当。他们成天忙于这些惹麻烦没好处的事，哪怕一生劳碌，也百事无成。

悭，就是吝啬。节俭是一种好习惯，过于吝啬，一点好处都到不了别人手里，人际关系必然很差。因为缺乏交流，信息不畅，不易发现成功的机会，见识方面也难有长进。吝啬不只是钱财的悭吝，还有不愿把好的想法、好的建议告诉别人。这样，别人看不到他的诚意和才能，肯定不会对他加以重视。

悔，即做事后悔。"如果我那时好好读书就好了"，"如果我好好把握那个机会就好了"，后悔其实是不求上进的表现。如果认为读书有益，哪天不能读书？哪怕已经五六十岁也不晚，花上五六年时间，即可精通一门学问。难道非得青春年少在学校里读书吗？在社会上打拼时学以致用，也比较容易长学问。如果认为某个机会重要，哪天没有机会？现在是一个机会社会，你需要的是识别和把握机会的能力。所以，错失任何一个机会都无须后悔。

眠，睡懒觉，也就是懒惰的意思。世界上最没出息的，无疑是懒惰不负责任的人。这种人没出息倒好，要是哪天时来运转，得到某个受重用的机会，那就很可能成为大家的不幸。

昏沉，就是昏头昏脑，迷糊颠倒的意思。这主要是身体状况或精神状态欠佳造成的。几乎每一个成就大业的人，都是精力充沛的人。有的人能力和智商都不差，人也不懒，主要是身体欠佳，一想问题就头痛，只好不想；一做事就气喘，只好不做或少做。这怎么能有成就呢？精神状态欠佳，跟身体状况有一定关系，但主要是心理调节能力的问题。有的人心事重，一点小事都要琢磨半天，这样肯定开心不起来！那么这样的人如何能够为人所用、给他人造福？

掉举，就是胡思乱想，注意力不集中。任何事精神专注才能做好，做事时东想西想，做出来的事肯定比较马虎！

嗔恨，性子浮躁，自控能力差，喜欢怨天尤人，喜欢自怨自艾，或者容易发怒。这不但容易搞坏人际关系，也容易惹麻烦。整天跟麻烦事打交道，哪有心情干事业呢？

覆，就是掩过饰非的意思。做错了事，不肯认错，总是找借口辩解，或者把过错推到别人身上。这种人难当大任，也不易受人信任。

以上各种恶习，是做任何事的障碍，所以对它们引起重视也是十分必要的。我们应该立刻对自己做出一个检视，看看哪一种或几种恶习时常在自己身上出现，有则改之，无则加勉。因为克服了这些恶习，最起码可以养成一种良好的心理品质，对你做人是大有裨益的。反之，若是被这些恶习缠绕，我们便容易滋生妄念，妄念一起，心不能平，心不能平则易浮躁，人浮躁了，就极易犯错。

其实，生活中我们也常生妄念。譬如，对功名利禄的痴想、对于他人成功的艳羡、对于别人的忌妒等。这些事有时会像奔流不息的瀑布一样，时刻侵扰着我们的生活，若恶习不改、妄念不除，人是很难静下心做事的。

我们的大脑就好比一个大容器，你给它装进什么样的信息，它就会储存什么样的信息。如果我们身染上述种种恶习，那么它通过各种渠道得到的多会是暴力、拜金主义及现实社会中的利益争斗等信息，这些不良信息就会使我们的大脑中产生各种妄念，而且这些妄念不会自生自灭，经过一段时间之后会逐渐形成固定的观念，且长久地占据我们的大脑。而要清除它们，最好的方法就是大量接受真诚、善良、宽容等良性信息，以人的正念取代脑中的妄念与邪念，从而逐渐清除那些不该有的恶习。

你的短板在哪里

一只木桶能装多少水，永远取决于它最短的那块板。一个人身上的缺点，必然会影响他的发挥与发展。我们要对自己有一个客观的认识，发现不足并尽力弥补，如此我们方能在日后的人生道路上有所建树。

假若说我们志在成功，却一而再、再而三地铩羽而归，那就说明是自身存在问题了，要设法找到症结所在加以改进。事实上，每个人或多或少都存在一些缺点，有些无伤大雅，有些则严重阻碍着个人的成功。以下是人们身上常见且危害性较强的一些缺点，希望大家能够参照自身，无则加勉，有则改之，以求为我们行走社会、建造事业打下坚实的根基。

一、热情不足

黑格尔曾经说过："没有热情，世界上就没有一件伟大的事能完成。"

美国的《管理世界》杂志曾进行过一项测验，他们采访了两组人，第一组是事业有成的人事经理和高级管理人员，第二组是商业学校的优秀学生。

他们询问这两组人，什么东西最能帮助一个人获得成功，两组人的共同回答是"热情"。

热情之于事业，就像火柴之于汽油。一桶再纯的汽油如果没有一根小小的火柴将它点燃，无论汽油质量再怎么好也不会发出半点光，放出一丝热。而热情就像火柴，它能把你拥有的多项能力和优势充分地激发出来，给你的事业带来无穷的动力。

一个人如果没有热情，就不会激发出自身的潜力，又会给人一种心灰意冷、毫无前途的印象，这样的人终将遭到遗弃。

二、适应能力差

能否适应不同的环境，是一个人承压能力的体现，这是因为人的压力主要产生在自身进行变革时。成功者不仅有能力去适应变革，而且更有能力去促进变革。

适应能力的本质，就是参与冒险的能力。成功者大多都知道，转变与冒险是同时存在的，对于成功者而言，转变不仅是时势所迫，而且往往是不可避免的。因此说，我们若想获得成功，就一定要有意识地培养自身的适应能力。

三、缺乏自信

独木桥的那边是一种奇境，有各种果实，诱人前往，自信的人大胆地走过去采摘，而缺乏自信的人却在原地犹豫：我是否能走过去？——而果实，早已被大胆行动的人先行一步，收入囊中了。

自己都信不过自己，别人怎么能相信你？但凡成功者都是非常自信的，强烈的自信心不仅能振奋自身士气，亦可在气势上压倒对手，取得意想不到的效果。对于我们而言，没有机遇或没有条件尚有情可原，如果是因为缺乏信心而失掉机会，乃至导致失败，未免就太过可惜、可怜、可悲了。

四、自负

人不能不自信，但也不能太自信，否则就成了自负，就会对自己做出不切实际的评价，别人也会因此认为你是个妄想狂，不会很好地与你相处。

美国威特科公司总裁托马斯·贝克曾经说过："你可以聘到世界上最聪明的人为你工作。但是，如果他孤芳自赏，不能与其他人沟通并激励别人，那么，他对你一点用处也没有。"其实这段话也可以这样理解：你可以是世界最聪明的人，但是，如果你孤芳自赏，过于自负，不能与其他人沟通并激励他人，那么，你一点用处也没有，不可能获得成功。

一个人如果太自负，就可能会固执己见，一意孤行，一旦走入死胡同，就要追悔莫及了。

五、用心不专

无论做任何事，"三心二意"都是不可取的。不将精力集中在你的目标上，而去考虑其他无关紧要的事情，必然会分散精力。一个人的精力是有限的，没有足够的精力开创事业，自然不会有什么大作为。专心致志的人往往会成为人们赞赏的对象，他们的事业往往也会比三心二意者做得更大。

当然，存在于人们身上的缺点远不止这些，在这里就不多做表述。其实，只要你能时时反省自己，以客观的眼光去看待自己的所言所行，缺点必然会无处容身；只要你在发现缺点以后，能认真去思考缺点产生的原因并积极加以改正，你就会越发优秀起来。那么，我们还等什么？马上找出自身的软肋，弥补自我，让自己一天比一天更接近成功。

你的亮点在哪里

你也许想过做点什么，却发现自己什么都不会。在如今这个社会，最害怕听到的就是这句"什么都不会"。其实，没有人逼着你成为天下无敌的多面手，只要你能掌握一门专长就可以开开心心地经营好自己的人生。人活着，就是要活出自己的特点，好好地经营你手里面这张专长的王牌吧！相信它一定会给你带来一生的好运气。

不管时代怎样风云变幻，我们一定不能甘于平庸，人生是短暂的，你不能活得没有一点特点。如果你想在自己还没有老去之前享受到获得成功的那份成就感，那么从现在开始，好好思考一下你的专长是什么吧！这不是在浪费时间，而是在帮助自己找到一个开启明天的入口，有了它你才会有方向，有了它你才不至于迷茫，才会真正明白自己现在应该做些什么。

尽管外面的世界竞争不断，但当你迈向竞争者的行列之前，还是要思考这样几个问题，你的优势是什么？你拿什么去和别人竞争？你有没有发现自己的专长？这个时代很现实，如果你活得没有一点特色，别人是不会注意到你的。现在，正是我们为自己的前程努力的时候，但是这个时候，你如果还是没有发现自己最善于做的事情

是什么，而只是为了打工而打工，为了生活而生活的话，那只能说你已经在某种程度上败给了别人。

这个时代没有要求你成为一个万能的多面手，只要你精通一门手艺，在别人眼中你就是可塑之才。这个世界说复杂也复杂，说简单也简单，不管风云如何变幻，有专长的人永远是最受欢迎的。他们很多人可以靠着自己的优势养活自己一辈子，甚至还可以为自己开拓一条通往成功的道路，在自己的领域干出一番惊天动地的事业。这就是专长的重要，这就是专长对于一个人来说其魅力所在。

世界著名男高音歌唱家、世界歌坛超级巨星鲁契亚诺·帕瓦罗蒂回忆说："当我还是个孩子的时候，我的父亲——一个普通的面包师，把我引入了歌的王国。他要我勤奋，以开发我嗓子的潜力。我家乡的一位职业歌手收我为徒，同时我还在一所师范学校就读。

"毕业时，我问父亲：'我是当教师呢，还是做个歌唱家？'

"我父亲回答说：'如果你要同时坐在两把椅子上，你可能会从两把椅子中间掉下去。生活要我们只能选一把椅子坐上去。'

"我选了一把椅子。经过7年的努力和失败，我才首次登台亮相。又过了7年，终于在大都会歌剧院演唱。

现在想一想，不管你是搞建筑，或是写一本书——无论我们干什么——都应该把毕生精力献给它，矢志不移。这就是我成功的秘诀——只选一把椅子。"

人的一生，存在着一种危险，那就是"平庸"二字。有的人很好学，似乎什么都想学一点，杂是杂了些，又称不上"家"，所以仍然派不上用场。而学有专长，则是一条迅速成长之路。人各有所长，如果能以自己某一方面的专长为基础，坚持不懈地努力，去求发展，那肯定是很有前途的。

下面再来看一个"一线万金"的故事：

有一次，福特公司有一台大型电机发生了故障，特邀德国电机专家斯泰因梅茨"诊断"。他在这台大型电机边搭上帐篷，整整检查了一个昼夜，仔细听电机发出的声音，反复进行着各种计算，然后踩着梯子上上下下测量了一番，最后用粉笔在这台电机的某处画了一条线作记号。然后他又对福特公司的经理说："打开电机，把作记号地方的线圈减少16圈，故障即可排除。"工程师们半信半疑地照办了，结果电机运转正常了。众人为之一惊。

事后，斯泰因梅茨向福特公司要10000美金作为酬劳。有人忌妒说："画一条线就要10000美金，这是勒索。"斯泰因梅茨听后一笑，提笔在付款单上写道："用粉笔画一条线，1美元；知道在哪里画线，9999美元！"

这就是专家的水平。看上去，他个人的所得实在太丰厚了，但如果仔细琢磨起来，他为这条线能够画得如此准确而付出的心血又怎能用金钱来衡量呢？再者，如果不是他准确无误地画准了这条线，福特公司为排除这一故障不知要付出比这一酬劳多多少倍的价钱呢！

由此看来，人才就是价值，人才就是财富，而人才又必须有专门的技能，有哪一家公司不愿招聘到一流的专业人才呢？你想在就业中获得一个好职位吗？请早早努力，尽快使自己成为某一方面的人才吧！

下面再来看看这样一个例子：

纪晓光是广州一家幼儿园的教师，1996年下岗。下岗后，她并没有意志消沉，而是不断用知识充实自己，提高自己的自身素质。她先后学习了医学美容、美术、插花、制衣、经络等很多知识，最后决定在美容界发展，开了一间"金玉美容阁"。纪晓光与美容女工们热情地接待每一位来做美容的客人，不断地提高自己的美容技术，力争做出本店的美容特色。结果生意越来越兴旺，熟客也越来越多。

由此可以看出，只要多掌握一种技能，就多一次成功的机会。

这个时代不需要庸才，而是需要那些有专长的人。因为时代的前进需要技术、需要专长，只有社会中的每一位精英都在自己的位置上不断地创造辉煌业绩，世界才能不断地向前推进。一个人一无所长是一件非常危险的事，这样的人是职场上最脆弱的一群，经不起一点风浪，很容易被淘汰出局。我们活着，当然希望自己成为时代的强者，所以不管以前的你是什么样子，从现在开始，发现自己的优势，完善自己的专长，一切还都不算晚。相信你一定会凭借自己的优势走向一个又一个成功，在自己的领域独占鳌头，干出自己的成绩和事业。

正视自己，扬长避短

我们根本不必为自己的缺陷耿耿于怀，更不可因自己的优势扬扬得意。人生就在于一个把握，把握自己的劣势，尽量去弥补它；把握自己的优势，让它继续"发扬光大"。或许我们的优势不够强悍，但总有胜过对手的地方，只要我们善于利用，它就会成为我们成功的利器。

曾听过这样一个故事，很有趣，也很有寓意：

有一只狐狸，总是百般掩饰自己的短处。它想抓野鸭，但野鸭飞走了，它说："我看它太瘦，等以后养肥了再说。"它到河边捉鱼，被鲤鱼扫了一尾巴，它说："我根本不想捉它，捉它还不容易？我只是想利用它的尾巴来洗洗脸。"话没说完，它脚下一滑，掉进了河里，同伴见状打算救它，它说："你们以为我遇到危险了吗？不，我是在游泳……"说着说着，它便沉了下去。这时同伴们说："走吧，它又在表演潜水了。"

大家或许觉得这只狐狸很可笑又很可悲，但我们有没有发现，其实它和我们之中的一些人颇为相似。我们有时也是这样自欺欺人，生活在自我构造的"完美"世界之中，认为自己的缺点见不得光，不敢去面对，于是极力掩饰。

其实，这个世界上没有人一无是处，更没有人会十全十美。尺有所短，寸有所长，人有缺点，也必有优点。很多人自卑，觉得自己这也不好、那也不好，什么都不如人家，恰恰是因为他们在看自己时，眼中就只有缺陷，那么拿自己的缺陷去比较人家的长处，当然自惭形秽；又有一些人很是自负，觉得自己简直无可挑剔，就是因为他们只能看到自己的优点，而看别人时又只看缺点，于是便开始飘飘然不知所以；还有一些人便如故事中的狐狸一样，明知自己有短板，却死不承认，到头来还不是欲盖弥彰？这种人很虚荣，也很累。

显而易见，上述种种意识形态都是极不可取的。在人生这条路上，如果说我们还想有几分作为，那么就一定要做到自知、自信，这样才能对自己的人生坐标做出准确的定位。

能自知，我们才能在遇事之时量己之长短，不自以为是，亦不妄自菲薄，扬己之所长，避己之所短，趋利而避害，则事有所成。于是乎，自信油然而生。

想当年，毛遂先生能够一荐成名，靠的不就是这份自信？但事实上，毛遂的自知则更令人钦佩。

"毛遂自荐"的故事相信大家早已耳熟能详，这里就不多做累述。那么大家想想，为什么毛遂在以善识人著称的平原君门下三年而籍籍无名？为何使楚之事一出，毛遂便不再低调、脱颖而出？

很显然，毛遂对于自己的特长了然于心，想必他知道自己不是"韬略之臣"，因而不该表现的时候便不张扬，于是毛遂被"埋没"了。不过，当能够一展所长的机会来临之际，毛先生不再沉默，他知道自己在言辞谈判方面有过人之处，知道自己是个外交人才。而正是这种自知使得他在平原君轻视的态度面前不卑不亢，最终脱颖而出，展现了自己。

在毛遂凭借一番慷慨陈词解了赵国邯郸之围的第二年，燕国趁赵国大战方停喘气不赢之机，派遣大将栗腹攻打赵国。由谁挂帅出征以御强敌？赵王这一次又想起了敢于自荐的毛遂，准备提拔他为帅，统兵御燕。毛遂听到这个消息以后，大吃一惊，连忙跑到赵王面前，不过这一次他不是去"推荐"自己，而是去"推辞"自己。他是这样说的："不是我毛遂怕死，实在是我德薄能低，不堪此任，我可披坚当马前卒，不能挂袍任率印官，如是，则上可保国之江山社稷，中可保您知人之明，下可保我毛遂不为国家罪人。"当年自荐，意气风发！此时力辞，一个毛遂，判若两人，简直让人难以置信。赵王对此很是不解，问道："先生去年自荐，才情高迈，真伟丈夫；如今脱颖而出，正是建功立业之时，怎么忸怩如小女子？"毛遂回答："寸有所长，尺有所短，骐骥一日千里，捕捉老鼠不如蛇猫。逞三寸之舌我当仁不让，仗三尺之剑实非我能，岂敢以家国安危来试验我之不才之处？"按说，毛遂这番话说得入情入理，但赵王为了显示自己求贤若渴，根本油盐不进，硬是要他挂帅迎敌。正如毛遂所言，他只是个外交人才，而非统率千军的将才，昌都一战赵军被燕军杀得片甲不留，毛遂面对一败涂地的惨状，羞愤万分，自刎身亡。

能知己长短，扬长而避短，毛遂的高明显然不仅仅在口舌之上，只是赵王太过刚愎自用，令毛遂及数万赵兵枉死昌都，这个教训倒是很值得做管理者的朋友引以为戒。其实我们若能在自知的基础上

再知人善任，那便更高明了。

言归正传，还是那句话，扬长避短，最关键的就是认清自己的优势与缺陷，把精力与汗水抛洒在对的地方。如果是一只兔子，那就应该去赛跑而不是去游泳；如果是一只百灵鸟那就应该去歌唱，而不是去搏击长空。如果说我们体魄强健、天赋异禀，但在成为艺人的道路上屡屡碰壁，那么不妨停下脚步审视一下自己，看看自己更适合演艺场还是运动场。其实，只要我们能够找准自己的角色定位，营造自己的优势以弥补本身的缺陷，那么我们就能成为那个领域的强者。

我们常常羡慕生活中的那些成功者，甚至会认为他们是那样完美。其实成功者与我们一样，也存在着某一方面的短板。成功者之所以成功，就在于他们懂得扬长避短，能够充分利用现有优势，规避生活风险，规划好人生方向，一步一个脚印地朝着既定的人生目标迈进。

其实你我都可以是成功者，只要我们对现状做出一些改变：第一，正视我们的缺陷，但不要让缺陷成为你的困惑，不要让它影响你的成功；第二，定位好自己的人生角色，挖掘并发挥自己的特长，扬长避短，形成优势。

在此基础上，倘若我们再能做到知己知彼，面对对手，以长击短，那么人生又会是怎样一番景象？这就好比田忌赛马一样，以我们的上等马对他们的中等马，以我们的中等马对他们的下等马，那么人生岂不是赢定胜局？

常自省，悔过知缺

我们要想获取前进的不竭动力，就必须不断反省自己。无论是谁，都要在做完事情之后，好好反省自己，时刻自我反省，只有这样，我们才能把事情做到更好。假如你不能及时反省自己的错误，那便只会错上加错，走上一条失败的不归路。

古人说："人非圣贤，孰能无过？"我们都有过错，这是很自然的事情。而问题的关键就在于，我们如何去对待自身的过错。

一般来说，我们犯错以后通常会做出以下两种反应：一是死不认错，推卸责任，极力为自己辩白；二是坦诚认错，该承担什么责任就承担什么责任。至于哪种行为更好，我们心知肚明。但遗憾的是，我们看到更多的是前者。是的，从某种意义上说，那样做也是有"好处"的——如果说你侥幸逃了过去，你可以不用承担后果；就算要承担，你已经把别人拉下了水，责任也已经被分散，压力要小得多。既然是这样，那为什么智者都不提倡这种行为呢？就是因为它的"弊"明显要大于"利"。

我们简单分析一下。假如说你犯的是一个大错，那么知道的人一定很多，你怎么瞒？你如何辩？事实就摆在那里，一查即知，你越是往外择，反而越让人觉得你没有担当，你越是狡辩，越让人觉得是"此地无银三百两"，你很难推卸责任不说，反倒会让越来越多

的人看不起你，一举两失，聪明的人会不会这样做？

如果说你犯的只是一个小错，那还有没有必要百般推卸？就像一个笑话中说的那样——"屁大个事你都担不起，你还能担起什么？"说到底，承担下来的后果无非是一个小惩罚，或者根本连惩罚都谈不上，若是因此葬送了别人对你的信任，你说值不值得？

进一步说，我们姑且不论犯错所需承担的责任，单就说"死不认账"对于自身形象的强大破坏性，就是我们所不堪承受的。因为不管你口才有多好，有多么机变，你逃避错误换来的必然是"敢做不敢当"之类的评语。这样一来，我们很可能失去人生中最重要的东西——人缘，在这个社会上，没有人缘你还想有什么作为？

再进一步，如果逃避错误成为你的一种习惯，那么你也就永远丧失了面对错误、解决问题和培养解决问题能力的机会。所以说，不认错的弊大于利！

但为什么我们之中的一些人，平时看着蛮聪明的，却总会犯这种低级的错误呢？还是"自我"在作祟！是自我意识诱导我们极力去掩盖自己的错误，甚至将错的也看成是对的，这就是不能自见其过。正因为如此，很多时候我们明知自己错了，却甘于自弃，或只在口头上认错，而不能内省自讼；还有些时候，我们自知有错也能自责，却就是下不了决心去改正。无怪乎孔圣人感叹道："算了吧！我没有看见过一个能看到自己的过错，而又能在内心责备自己的人！"孔子的话很简单，含义却很深刻。就算圣贤，也会有过，但是知过虽难，知过而反躬自责就更难。知过能改，非大智大勇者是不能的。

但你不能说，这件事难做，你便不去做，或者说有人做不到，你也随大流。人活着，如果说你不想活得太麻木、太庸碌，那总是要有点觉悟的。这觉悟中自然少不了对自身错误的认知、忏悔和自省。因为我们行走的人世太浮华、太复杂，我们原本纯正的天性一不小心就会被尘嚣所魅惑，导致我们在错误的沼泽中越陷越深。而忏悔和自省的好处就在于，它恰恰可以使我们明得失、衡利弊、知进退。说句不中听的话，那些人生平庸乃至困顿的朋友之所以过得如此糟糕，往往就是因为不自知己过、缺乏悔过和自省精神，又或者他们从不知悔过和自省。

生活是纷扰烦琐的，有心无心之间，我们不知做错了多少事，说错了多少话，动过多少邪念，只是很多时候我们真的没有觉察。只要用清净忏悔的净水来洗涤，就能使心地没有污秽邪见，使人生呈现意义。

悔过就是重新认识和评价自我、重新更迭和安顿自我的一种非常重要的途径。悔过的意思是"承认错误"，但是仅仅承认还不够，我们还要为自己的过错负起责任，勇于接受这个错误所带来的一切后果，这才是悔过的意义。

人若思悔过，最关键的是要懂得自省。孔子说："吾日三省吾身。"苏格拉底也说："没有经过审视和内省的生活不值得过。"假如我们能像这两位圣贤一样，随时随地地反省自己，那么或许我们根本就不必去忏悔了。

自省，说得通俗一点就是自责以后的警醒，这是一种认识到错误以后的明白，更是一种经过思考后的觉悟，是悔过在行动上的延伸。如果说你不懂得自省，那么过去之事，你直到今日还不知正误；现在之时，你处于悬崖边缘而不知勒马。你说你是否糊涂？你说这样的人生能不平庸?! 又岂能不困顿?!

别想了，你不可能完美

世界上根本就不存在绝对的完美，如果你认不清这一点，一味地以"完美"的标准来要求自己，那么你定然会活得很累！事实上，很多人头脑聪明，也是一表人才，但却总是不能成功，恰恰是因为他们太过注重"完美"。

完美主义者在我们的生活中随处可见。他们对人、对己、对事往往抱着一种近乎苛刻的完美态度，其结果是处处碰壁，饱受痛苦的折磨。其实，现实中，人生是没有完美可言的，完美只是在理想中存在。生活中处处都有遗憾，这才是真实的人生。处处追求那种所谓的"完美"，只会给我们带来更多的遗憾，只会让我们的生活更不"完美"。

有些人以为自己是在追求完美，其实他们才是最可怜的人，因为他们是在追求不完美中的完美，而这种完美，根本不存在。

俗话说："人无完人，金无足赤。"人生确实有许多不完美之处，每个人都会有这样那样的缺憾，真正完美的人是不存在的，即使是中国古代的四大美女，也有各自的不足之处。历史记载，西施的脚大，王昭君双肩仄削，貂蝉的耳垂太小，杨贵妃还患有狐臭。道理虽然浅显，可当我们真正面对自己的缺陷，生活中不尽如人意之处时，却又总感到懊恼、烦躁。

其实，完美的标准是相对而言的，因人的审美观不同而不同，今天以肥为美，明天就可能以瘦为美。古人以脚小为美，如果今天有"三寸金莲"走在大街上，路人肯定会笑掉大牙。

完美主义者在做任何事情之前，都不能克服自己追求完美的痴情与冲动。他们想把事情做到尽善尽美，这当然是可取的，但他们在做一件事情之前，总是想使客观条件和自己的能力也达到尽善尽美的完美程度然后才去做。因而，这些人的人生始终处于一种等待的状态之中。他们之所以没有做成事情，不是他们不想去做，而是他们一直在等待所有的条件成熟，因而没有做，结果就在等待完美中度过了自己不够完美的人生。

有这样一个完美主义者，他想写一篇论文，首先在尝试几种、十几种乃至几十种方案之后才去动手写。这么做当然是好的，因为他可能在比较之中找到了一种最佳的方案。但是，在他开始写的时候，他又会发现他选择的那种方案依然有些地方不够完美，多多少少还存在着一些错误和缺点，都不是尽善尽美，而他却非得要找出一种"绝对完美"的方案来。于是，他就将这种方案又重新搁置起来，继续去寻找他心目中的"绝对完美"的新方案，或者，将这一论文的选题放下，又去想别的事情。实际上，天下没有什么东西是"绝对完美"的，他要寻找的这种东西是不存在的。这种人总是不愿出现任何一种失误，担心因此而损害自己的名誉。所以，他的一生都在寻找的烦恼中度过，结果什么事情也没能做成。

完美主义的人往往不愿意接受自己或他人的缺点和不足，非常

挑剔。有的人没有什么好朋友，总也找不着对象，和谁也和不来，经常换单位，为什么？那是因为他谁也看不上，甚至会因为别人的一些小毛病而忽略了别人主要的优点。

完美主义的人表面上很自负，内心深处却很自卑。因为他很少看到优点，总是关注缺点，总是不知足，很少肯定自己，自己就很少有机会获得信心，当然会自卑了。不知足就不快乐，痛苦就常常跟随着他，周围的人也一样不快乐。

人生确实有许多的不完美，但我们可以选择走出不完美的心态，而不是在"不完美"里哀叹。当然，也不是一味地去追求所谓的完美。抛弃处处追求完美的心态，以一种轻松、快乐的态度做人做事，你会更多地发现生活中美好的东西，你会发现原来快乐地生活就是这样简单。

二、究竟未来何等模样，你是否概念清晰

能人与庸人的根本差别，不是天赋，不是机遇，而在于有无目标。人生一如大海行船，若是没有航行目标，任何方向的风都是逆风。有了目标，我们的心才会找到方向。无论我们现在的年龄有多大，真正的人生都要从设定目标开始，在此之前只不过是在兜圈子而已。

为未来勾画一张蓝图

在这个世界上，希望改变自身状况、希望事业有成的人比比皆是，但真正能够将这种欲望具体化为一个清晰的目标，并矢志不移地为之奋斗的人却很少，到头来，欲望终究只是欲望而已。我们显然不能再这样得过且过，我们必须为眼睛找一个落点，为人生确定一个方向，这样梦想才不会沦为空想。

人生路上，我们绝不能像无头苍蝇一样四处乱撞，东一榔头西一棒子地做着那些无用功。想要成功，我们就必须为自己的人生确立一个明确的方向，并为这个理想矢志不移地去奋斗。唯有如此，才不会浪费生命中的黄金期，才有望在不惑之年到来之前为自己打下一番事业基础。

人必须要有理想，这俨然已是老生常谈，但扪心自问，年轻时，我们又有几人真正地确立起了人生目标，并为之不懈奋斗呢？恐怕多数朋友没有做到吧。

美国哈佛大学曾用时 25 年，以"目标对人生的影响"为内容，对一群各方面条件相差无几的大学生进行跟踪调查，结果发现：在这些年轻人中，有 27% 的人缺乏目标；有 60% 的人目标不够清晰；有 10% 的人有目标，且清晰，但只是短期目标；而只有 3% 的人，具有清晰的长期目标。

25 年以后，那 3% 的大学生几乎都成了社会精英，其中包括创业成功者、行业领袖，等等；10% 具有短期目标的人一直生活在社会中上层，生活相对惬意；60%目标模糊者生活在社会中下层，衣食无忧，仅此而已；而27%没有目标者，则一直处于社会最底层，生活状况极不如意。

其实目标于我们而言，一如图纸之于大楼，大楼在建造之前，若没有一份准确、详细的蓝图，那么建造工程就会陷入盲目，或许到头来建成的只是一栋四不像的建筑。人活着，倘若一直漫无目的，或许这一生便只能得过且过。

曾听过这样一个故事：

一位名叫贾金斯的年轻人看到有人在钉栅栏，便走过去帮忙。钉了几下，他觉得木头不够整齐，于是便找来一把锯；锯几下之后，他又觉得锯不够快，又去找锉刀；找到锉刀才发现，必须要给锉刀装上一个合适的手柄；这样一来，就免不了去砍棵小树；而要砍小树必须把斧头磨快；要将斧头磨快，首先就要把磨石固定好；固定磨石要有支撑用的木板条，制作木条还需要木工用的长凳……贾金斯决定去求借所需要的工具，这一去就再也没回来。

贾金斯其人无论做什么都不能从一而终。他曾一心学习法语，但要完全掌握法语，必须对古法语有所了解，而要学好古法语，首先就要通晓拉丁语。接下来贾金斯又发现，学好拉丁语的唯一方法，就是掌握梵文，于是他又将目标转向梵文。如此一来，真不知何年何月才能学会法语了。

贾金斯的祖上为他留下了一些财产，他从其中拿出10万美元创办煤气厂，但原材料——煤炭价格昂贵，令他入不敷出。于是，他以9万美元将煤气厂转让，继而投资煤矿。这时他又发现，煤矿开采设备耗资惊人。因此，他将煤矿变卖，获得8万美元，转投机器制造业……就这样，贾金斯在各相关工业领域进进出出，却始终一事无成。

他的情况越来越差，最后不得不卖掉仅存的股份，用来购买了一份逐年支取的养老金。然而，伴随着支取金额的逐年减少，他若

是长命百岁，肯定还是不够用的。

贾金斯的失败在于，他的目标总是在不停地变动，如此一来，就不得不在各个目标之间疲于奔命，这样做除了空耗财力、物力，空耗时间与人生，还能有什么呢？

所谓"样样通，样样松"、"诸事平平，不如一事精通"，这是一种规律。戴尔·卡耐基在分析众多个人失败案例以后，得出这样一条结论——"年轻人事业失败的一个根本原因，就是精力太分散。"这是一个不争的事实，很多人生中的失败者，都曾在多个行业中滑进滑出。试想，倘若他们能够将精力集中在一点，在一个行业里孜孜不倦地奋斗下去，又何愁不成为个中翘楚呢？

由此我们可以得出这样一个结论：人生需要一个明确的目标，有了目标，我们才能少走弯路、直奔主题，否则便如同盲人一般，趔趔趄趄，难以走远。

据说，雪地行军是件危险的事，它极易使人患上雪盲症，以致迷失行进的方向。

但人们感到奇怪，若仅仅是因为雪的反光太刺眼，为什么戴上墨镜之后，雪盲症仍不可避免呢？

最近美国陆军的研究部门得出结论：导致雪盲症的，并非雪地的刺眼反光，而是它的空无一物。科学家说：人的眼睛其实总在不知疲倦地搜索世界，从一个落点到另一个落点。要是连续搜索而找不到任何一个落点，它就会因紧张而失明。

美国陆军对付雪盲症的办法是，派先驱部队摇落常青灌木上的雪。这样，一望无垠的白雪中，便出现了一丛丛、一簇簇的绿色景物，搜索的目光便有了落点。

真是这样，人生若是没有一个明确的目标，便会如雪地行军一样，不知道哪里才是眼睛的落点，到头来，只会让自己处于被动境地，即便目的地就在眼前，也可能视而不见。

我们或许并不需要什么特别伟大的目标，但这个目标必须要有，且必须切实可行，当然还要你肯为之奋斗。这样，你的人生便是有价值、有意义的，待他日老去，我们也不会为一生的碌碌无为而感到惭愧和遗憾。

人生取决于定位

我们需要有意识地缔造一种"自我成就感"，以此来抑制人生中那些消极情绪，譬如自卑、自闭、自我放弃等，从而形成一种心理上的良性循环。如此一来，你的自信感、成就感便会油然而生，令你更有勇气、更有毅力去迎接未来的挑战。

所谓"性格决定人生，心态成就命运"。一个人想要成就大事，首先就要有成为大人物的心态。立志是一个人对人生执着的追求，也是一种渴望，更是一种争取人生有所为的性格反映。"取法乎上，折乎其中；取法乎中，折乎其下"——缺乏立志性格的人，做的一定是小事，甚至连小事都做不好。真的是这样，人都有软弱的一面，如果不能将软弱的性格压制住，那么做事时往往瞻前顾后，还没有行动，就惧怕失败，只会给自己增加心理负担，于是一直畏首畏尾，致使人生始终没有突破。

成功者则不同，他们似乎带着一种与生俱来的自信，断不肯甘于人下。这是一种强者的风范。在强者看来，这世间没有什么能够泯灭自己的斗志，没有什么能够阻挡自己走向成功，因为自己天生

就是个"强者"。

就像贝尔博士所说的那样——"时刻想着成功、看看成功，心中便有一股力量催人奋进，当水到渠成之时，你就可以支配环境了。"可见，我们要想成为一个成功者，很重要的一点就是时刻保持着成功者的心态，就将自己设定为理想中的模样，只要它是切合实际的，便以最大的自信和热情去行动，直到成功为止。

李斯少年时家境窘迫，曾做过掌管文书的小吏。据说，有一次李斯方便时，恰巧看到老鼠偷吃粪便，人与狗一来，老鼠便慌忙逃窜。不久之后，他在官仓内又看到了老鼠，这些老鼠整日大摇大摆地吃着粮食，长得肥头大耳，生活得安安稳稳，根本不必担惊受怕。两相比较，李斯感慨顿生："人之贤与不肖，譬如鼠矣，在所自处耳！"意思是说，人有能与无能就好像老鼠一样，全靠自己想办法，有能耐就要做官仓之鼠！

于是，李斯立志要成为"官仓鼠"，他辞去小吏一职，前往齐国向当时著名的儒学大师荀子求学。荀子虽继承了孔子的儒学，但他对儒学进行了较大的改造，少了些传统儒学的"仁政"主张，多了些"法治"的思想，这很适合李斯的胃口。李斯十分勤奋，与荀子一起研究"帝王之术"，即怎样治理国家、怎样当官的学问。学成之后，他便向荀子辞别，准备前往秦国。

荀子问及缘由，李斯回答："人生在世，贫贱乃最大耻辱，穷困为最大悲哀，若想令人高看，就必须干出一番事业。齐王昏庸暗弱，楚国无所作为，只有秦王龙盘虎踞、雄心勃勃，准备伺机并齐灭楚，一统天下，因此，秦国才是成就事业的好地方。如果留身齐、楚之地，不久即成亡国之民，还有什么前途可言？"

李斯来到秦国，投入极受太后倚重的丞相吕不韦门下，凭借才干，很快就得到了吕不韦的器重，成为了一名小官。官虽不大，却不乏接近秦王的机会，仅此一点，就足够了。处在李斯的位置，既不能以军功而显，亦不能以理政见长，他深深知道，要想引起秦王注意，唯一的方法就是上书。他观察时局，揣摸秦王心理，毅然上书秦王——凡能成事者，皆能把握时机。秦穆公时期国势虽盛，但终不能一统天下，其原因有二：一、当时周天子实力尚存、威望犹在，不易取而代之。二、当时各诸侯国力量均衡，与秦国不相伯仲，但自秦孝公之后，周天子势力骤减，各诸侯间战争不断，秦国则休养生息，趁机壮大起来。如今国势强盛，大王又英明贤德，扫平六国简直不费吹灰之力，此时不动，又待何时？

这席话分析得可谓合情合理，入木三分，同时又极合嬴政的胃口。李斯终于在秦王面前露了回脸，并被提拔为长史。此后，李斯不仅在大政方针上为秦王出谋划策，还在具体方案上发表意见——他劝秦王大肆挥金，重赂六国君臣，令他们离心离德，不能合力抗秦。这一招果然有效，后来，六国逐一为秦所击破，李斯则最终爬上了丞相的高位。

"粮仓鼠"与"茅厕鼠"的不同际遇，给了李斯很大刺激，使他确定了自己的人生方向——做一只粮仓里的老鼠。李斯其人胸怀大志，而清醒的头脑更为他的志向插上了翅膀，帮助他为自己选择了一个与众不同的人生目标。

一个人只有树立了远大志向并为之笃行践履，才有可能使自己成为一个出类拔萃、不流于俗的人，或成为一个有所成就的人。

其实，很多人在年轻时原本也是志存高远，原本也有"当元帅"的梦想，只是面对生活给予的压力、面对挫折所带来的打击，他们最终选择了退避。于是，原本无限的潜能彻底被压制住；然后，人生变得麻木不仁；最后，对于苦、对于乐，他们似乎都没有了感觉。这就是人们所说的"橡皮人"。

或许，很多人已经习惯了这种"波澜不惊"的生活，但从人生价值的角度看，它是毫无意义的。正如拿破仑·波拿巴所说的那样"不想当元帅的士兵不是好士兵",同样,不想有所成就的人生也必然是个不无遗憾的人生。人生究竟是何等模样,这,取决于你的定位。

从个人的角度看,人能否有立志的性格,与他对自己的期许和定位高下有着密切关系。一个自视甚高但又狂妄自大的人,不会比一个志存高远且踏实肯干的人有更大的成功概率。若一个人妄自菲薄,目光短浅,无疑则会成为一个失败的凡夫俗子。

志存高远,则意味你有赢定局面的机会,有大功告成的可能。这是大多数人的一种理想目标,在这个目标的刺激下,人生就有盼头,就有希望。我们应该将"出类拔萃,不流于俗"作为自己的人生目标,也就是说我们要站在高处看人生,并通过一系列行之有效的手段,达到赢定胜局的目的。

有句话说得好:"如果你自诩为奴隶,那你永远不会成为主人!"的确,我们每个人对于成功的追求都不尽相同,但可以肯定的是,无论你怎样解读成功、怎样定义成功,你都必须为自己选择一个明确的目标。因为没有目标、没有想法的人生,必然会一塌糊涂,必然会极度乏味、极度平庸。想要成功,你就必须把自己定位为成功者,并在这条路上矢志不移地走下去!要知道,是成为"粮仓鼠"还是"茅厕鼠",这完全在于你的想法,完全取决于你的选择。

想法决定活法

想法不对,努力白费,想法比努力更重要!今天的市场经济,大鱼吃小鱼,更是快鱼吃慢鱼,是观念的更新,是想法的变革,是头脑的竞赛。我们想要改变今天的贫穷局面,首先就要改变想法,

学习富人们的赚钱想法。

人是自己思想的主宰者，持有应对任何境遇的钥匙。一个人能否掌握成功的关键，就在于他能否用积极的想法主宰自己。你既可以错误地滥用思想，放纵自己，摧毁自己，最终堕落为禽兽之辈，也可以正确地选择思想并付诸实践，从而达到神圣完美的境界，收获硕果累累的明天。只要下定决心，认真去做，你完全可以实现自己的愿望，使自己成为自己想成为的那种人。

想法与前途密切相关，一个人只有拥有良好的想法才能无惧生活中的困难挑战，始终坚定地为自己的理想而努力，也只有这样的人才能拥有美好的前途。

高欣出生于东北一个普通工人家庭。高考落榜，就进了一所职业高中读酒店管理专业，可眼看即将毕业，又因打架被学校开除。高欣的母亲非常失望，当面追问他："明年的今天你干什么？"

18岁那年，高欣离开学校，开始闯荡社会。卖过菜、烤过羊肉串……他慢慢明白了生活的艰辛。第二年，高欣进入一家大饭店工作，这是东北最好的五星级酒店之一。

那一年秋天，有一贵宾下榻该饭店，高欣给他拎包。饭店举行了一个隆重的欢迎仪式，一大群人前呼后拥着贵宾，他是走在人群的最后一位。他清楚地记得那两只箱子特别重，人们簇拥着贵宾越走越快，他远远地被抛在了后面，气喘吁吁地将行李送到房间，人家随手给了他几块钱的小费。身为最下层的行李员，服务的是最上流的客人，稍微敏感点儿的心，都能感受到反差和刺激。高欣既羡慕，又妒忌，但更多的是受到激励。"我就想看看，是什么样的人住这么好的饭店，为什么他们会住这么好的饭店，我为什么不能？那些成功人士的气质和风度，深深地吸引着我，我告诉自己，必须成功。"

后来，高欣做了门童。门童往往是那些外国人来饭店认识的第一

个中国人，他们常问高欣周围有什么好馆子，高欣把他们介绍到饭店隔壁的一家中餐馆。每个月，高欣都能给这家餐馆介绍过去两三万元的生意。餐馆的经理看上了高欣，请他过来当经理助理，月薪800元，而高欣在饭店的总收入有3000多元，但他仍旧毫不犹豫地选择了这份兼职。他看中的并非800元的薪水，而是想给自己一个机会。

为了这份兼职，高欣主动要求上夜班。但仅过了4个月，高欣的身体和精神都有些顶不住了。他知道鱼和熊掌不能兼得，他必须做出选择。

高欣在父母不解的眼光和叹息中辞职，进了隔壁的餐馆，做一月才拿800元工资的经理助理。可事情并没有像当初想象的那么顺利，经理助理只干了5个月，高欣就失业了，餐馆的上级主管把餐馆转卖给了别人。

闲在家里，高欣不愿听家人的埋怨，经常出门看朋友、同学和老师。一天，他去看幼儿园的一位老师。老师向他诉苦：我们包出去的小饭馆，换了4个老板都赔钱，现在的老板也不想干了。高欣眼前一亮，忙不迭地问："怎么会不挣钱？那把它包给我吧。"于是，高欣用1000元起家，办起了饺子馆。

来吃饺子的人一天比一天多，最多的时候，一天的营业额超过了5000块钱。为了进一步提高工作人员的积极性，高欣想出了一招，将每个星期六的营业额全部拿出来，当场分给大家。这样一来，大家每周有薪水，多的时候每月能拿到4000元，热情都很高。一年下来，高欣自己挣了10多万元。

高欣初获成功，他又寻思着更大的发展。几年后，他在火车站开了一家饺子分店。一个客人在上车前对他说："哥们儿，不瞒您说，好长时间以来，今天在这儿吃的是第一顿饱饭。"当时高欣就想，为什么吃海鲜的人，宁愿去吃一顿家家都能做、打小就吃的饺子呢？川式的、粤式的、东北的、淮扬的，还有外国的，各种风味的菜都风光过一时，可最后常听人说的却是，真想吃我妈做的什么粥，烙的什么饼。人在小时候的经历会给人的一生留下深刻印象，吃也不例外。

一有这样的想法，他就着手实施，随即他终于领悟到了自己要开什么样的饭馆了。他要把饺子啦、炸酱面啦、烙饼啦，这些好吃的、别人想吃的东西搁在一家店里，他要开家大一些的饭店。

他以每年10万元的租金包下了一个院子，在院里拴了几只鹅，从农村搜罗来了篱笆、井绳、辘轳、风车、风箱之类的东西，还砌了口灶。"大杂院餐厅"开张营业了。开业后的红火劲儿，是高欣始料未及的，高欣觉得成功来得太快了。300多平方米的大杂院只有100多个座位，来吃饭的人常常要在门口排队，等着发号，有时发的号有70多个，要等上很长一段时间才有空位子。大杂院不光吸引来了平头百姓，有头有脸的人也慕名而来。

后来，大杂院的红火已可用日进斗金来形容。每天从中午到深夜，客人没有断过，一天的营业流水在10万元以上。3年下来，有人估算，高欣挣了1000万元。

想法决定一个人的活法。天是同一个天，地是同一个地，一样的政策，甚至一样的学历，一样的班级，一样的年纪，为什么有些人可以月赚万元乃至数十万元，有些人却只能保持温饱？许多人百思不得其解，总是认为自己运气不佳。其实金钱来源于头脑，财富只会往有头脑的人的口袋里钻，正所谓"脑袋空空，口袋空空；脑袋转转，口袋满满"。人与人的最大差别是脖子以上的部分。

有人长期走入赚钱的误区，一提到赚钱就想到开工厂、开店铺，这一想法不突破，就抓不住许多在他看来不可能的新机遇。真正想一想，成功与失败，只不过是一念之差。

1. 成功者相信获得财富靠规律，失败者相信获得财富靠运气

成功者相信今天穷富与否都由自己创造，一定有规律，而当他

找到这一规律时，他就能够不断地复制财富。而失败者相信财富靠运气，所以他们的思维模式经常是找借口、抱怨、怨天尤人、否认一切，却从来没有反省自己有什么问题。

2. 成功者看到的是机会，失败者看到的是困难

在创造财富的过程中，大家可能会遇到问题、挫折、挑战、磨难，甚至打击，成功者想的是全力以赴采取行动创造财富，所以他们在这个过程当中看到的永远是机会。失败者也天天想赚钱，但当他看到机会的时候，习惯性思维使他首先想到的是困难，结果就不敢去闯了，说"算了，我放弃吧，风险太大了，再换下一个"，养成的是放弃的习惯。

3. 成功者相信"我大过问题"，失败者觉得"问题大过我"

在成功的过程中，没有人不会遇到困难，没有人不会遇到挑战。成功者之所以成功不是因为他们命好，不是他们遇到的问题少，而是他们有一个坚定的信念，告诉自己"我大过问题，我一定能够找到解决问题的方法和策略"。可是失败者遇到困难就缩手缩脚，主动放弃了，就讲一些消极的话："这个很难；这个不可以；这个做不到；我真的没办法去解决它；这个不是我能做的……"总是觉得"问题大过我"。

4. 成功者看到的是"价值"，失败者希望得到的是"免费"

成功者经常向成功的人学习，甚至付费来获得宝贵经验，因为成功者想到的是"价值"。当然失败者也会向别人请教，但他们经常问的都是跟他同一格局的人，比如父母、同学、同事等，虽然这些人提供的信息都不需要他付费，但又能有多少价值呢？所以，失败者的收入是经常和他在一起的 5 个人的平均值。

5. 成功者想的是"赢大"，失败者想的是"输小"

如果你的人生是以"赢"为主，是以"赢更多"为目的，那么你的想法、策略、信念、状态就是积极向上的。如果你是想不输，你的生活大部分都会徘徊在盈亏线上。"在这个世界上真正的风险就是不敢冒任何风险"。在成功者的观念中，风险越高，回报也越高，如果有30%的把握，那就不妨拼一下；而失败者想的是我千万不能输，要输的话尽量少输一点，不然我生活就没办法，这样想就把自己拘束住了；机会来了犹犹豫豫，反而容易失去，容易亏损。

6. 成功者热爱并善于销售和宣传，失败者讨厌销售和宣传

如果你跟有些人说某某销售工作多么棒，失败者的思维就会想：神经病，我才不去呢！太丢脸，那是没本事的人干的。可是成功者却热爱销售，喜欢销售，乐意跟人打交道，愿意把自己的产品跟别人分享。其实宣传和销售是非常有用的，再优质的产品，再高明的点子，再先进的理念，没有销售，没有宣传，谁又知道呢？

7. 成功者以结果为导向、乐意付出，失败者以时间为导向，不会付出

成功者愿意付出，愿意贡献，并且懂得接受，他很乐意接受成功，接收困难，接受挑战。同时他也乐意付出，就像氧气吸进来，也要呼出去一样，这样财富才能流动。就像比尔·盖茨已经把自己财富的99%捐给了自己的基金会。其实捐的越多，赚的就越多；付出的多，得到的就更多。可是失败者不懂得接受，不懂得付出，基本上他们的生活模式是以时间为导向，也就是说他打工一天8个小时，下班了，就结束了，整天考虑的是如何打发时间，他们不知道这些时间能为他做什么，不知道能为他创造什么。

8. 成功者让金钱努力地为自己工作，失败者让自己努力地为金钱工作

成功者赚钱都不辛苦，因为他们用钱赚钱。而大部分人拼命为钱干活，今天加班，明天加点，也是想得到更多的财富，可还是赚钱效率不高。也就是说，成功者努力想法让金钱为他们创造财富，而失败者努力想法拼命干活创造财富。如果我们今天为钱努力地工作，那么就要花费很长时间才能获得自由。可是让钱为我们努力工作，我们就能更轻松地获得财务自由、时间自由和生活方式的自由。

思想有多远，就能走多远

　　不甘寂寞的人生需要恢宏的气势，强者身上自有"我能"、"我行"、"舍我其谁"的志气、勇气与霸气，于是舍去了"我无关紧要"的弱势心理，便有了日后的"会当凌绝顶，一览众山小"。无论此时我们的境况如何，但绝不能用世俗的眼光看待自己的人生。

　　皮鲁克斯在《希望你的性格中多一些远见》一书中说："成功的性格必须首先克服短见和盲目两大弱点，因为它们均因缺乏自信而形成。"我们应该认识到，人之一生不可能一帆风顺，总要面临挫折，这就要求我们在最困难的时候，克服注重眼前利益的短见，要有长远的眼光，自己给自己定好位，这是保证获得成功的前提条件。

　　一个人如果对于自身的能力缺乏自信，即使其中掺有谦虚的成分，也无法使自己获得真正的成功，更不可能得到真正的幸福。因为健全的自信往往是促成成功的关键。梦想是人类的特权和天性，成功者会展开梦想的翅膀，立定目标飞向诱人的未来。

　　年轻时，我们每个人都曾经如同小鹰一般，曾拥有过翱翔天际、悠游自在的壮阔梦想。有趣的是，这些伟大的梦想，往往也就在周围亲友的一句句"别傻了"、"不可能"声中，逐渐萎缩，甚至破灭。其中，这种破灭还与你性格中的弱点有直接联系，即你因别人而放弃远见，由此开始充满短见、贪图小利了。

怎样才能获得一种消除短见却又自信的性格呢？想象一下你的问题的答案，想象你正爬越心中的山脉，想象你正冲过终点。表面上，这些设想好像很不实在，但却往往能增强你的耐力，使你百折不挠，继续向理想迈进。

成功的人应该具备这样的个性：莫让我们的梦想因别人的几句冷言冷语而熄灭。要安于现状，只会使你丧失获得更卓越成就的能量。只要你的眼光看得够远，就一定能真正飞起来。所以，你的性格中应该融入自己的主见，自信能在将来有所作为，才能放弃小利小惠。否则，你成不了大事，这都是因为你的性格弱点制约了你！

谭盾在中央音乐学院时，被誉为"四大才子"之一，当年，他远赴哥伦比亚求学。初到异乡为求生存，谭盾只能选择在街头卖艺谋生。所幸，他结识了一位黑人琴师，两人同心协力占据一块地盘——一家商业银行的门前。

积累了一定资金以后，谭盾决定离开黑人琴师，投向自己向往已久的艺术殿堂——哥伦比亚大学。在这里，他师从大卫·多夫斯基以及周文中先生，潜心学习音乐。身在学府，当然不能像混迹街头时那样卖艺赚钱，谭盾的生活逐渐拮据起来。然而，此时的他已然进入更高的境界，他的目光超越了物质，投向远方……

后来，在师友的帮助下，谭盾在美国成功举办了个人作品音乐会，成为第一位在美国举办个人音乐会的中国音乐家；再后来，谭盾以一曲《九歌》闯入国际音乐殿堂，并不断推陈出新，凭借令人赞叹的音乐作品，逐步奠定了自己"国际著名作曲家"的地位……

谭盾成名以后，一次，当他路过自己曾经卖艺的地方时，竟然惊奇地发现——那位黑人琴师居然还在！十年弹指一挥间，黑人琴师的脸上依旧写满了满足。谭盾走上前去与之交谈起来，琴师询问谭盾现在的"工作地点"，他简单回答在一家非常具有知名度的音乐厅，不想对方却说："那个地方也不错，能赚到不少钱。"黑人琴师

怎会知道，如今的谭盾早已成为享誉全球的大作曲家了。

谭盾之所以有今日之成就，就在于他一直怀有成为音乐家的想法，他没有将自己定位为"卖艺者"，他十分清楚，自己绝不能依靠"卖艺"来走完人生旅程。相反，那位黑人琴师从始至终就认定，自己只是个"街头拉小曲的"。

古往今来，大量事例足以证明，一个想法、一个定位，在很大程度上可以改变一个人的人生。

毋庸置疑，每个人心中都有过"豪气"，都曾想过有朝一日出人头地、威风八面，但为什么只有少数人能够成就梦想呢？从根本上讲，是因为这部分人的"豪气"要比一般人更为强烈，而且他们知道怎样去驱使自己的"豪气"。

生活中很多人不是没有梦想，而是没有足够的自信与豪气。所谓信心，是指由于自身产生了某种信仰，而感觉自己正被世界所相信的一种心理。一个人唯有充满信心，其行动的可能性才会更高。

相反，倘若一个人总是妄自菲薄，那他就会逐渐成为自己所自贱的样子；倘若一个人对自己没有信心，那他就注定与庸人为伍；一个人如果质疑自己的能力，那么他永远也不会成功。

人到了一定的年龄，倘若仍对自己缺乏基本的、适度的信心，在生活中就不可能具备刚毅、无畏的品质，就不可能充满激情、充满斗志地去追求自己的目标。这样的人，注定碌碌无为，他的生活甚至会举步维艰，又谈何成就一番事业呢？

战国时期的著名思想家、教育家墨子告诉后辈"志不强者智不达"。一个人能在人生中取得多大成就，很大程度上取决于他心中的"豪气"与"自信"。"金鳞"志在九天，所以才能够"一遇风雨便成龙"，我们若想"大鹏展翅乘风起"，心中就一定要有"扶摇直上九万里"的自信与豪气，让心中激荡着恒久的斗志与激情，并不断地向着天际飞升。

自信与豪情于人而言，一如飞机的引擎，只不过大多数人的引擎尚处于熄火状态，一旦引擎发动，且驾驶无误，你就会很快地一飞冲天。

要有一颗"不安分"的心

时刻让心中燃着一股斗志，不要轻易否定自己的价值。人来到这个世界，就是来走上帝所赠予我们的路。这是一种幸运，不是吗？不管是遍地荆棘，还是到处是花，我们都同样地来到这个世界。同呼吸，同看日出日落。大人物有大人物的追求，小人物有小人物的向往。而不管你是一个什么样的人，都不应怀疑自我的价值。

其实有些时候，眼高于顶也不错，因为眼高于顶的人才会更有斗志。当然，这里所说的眼高于顶，并不是指以倨傲的态度去对待别人，而是主张人应有高远的追求。人人都愿意获得满意的结局，而一旦志得意满，一个人往往会失去奋斗的动力。从这一点上说，心底里始终保留一些不安分的骚动，会给自己存下一点迈向更大志向的激情。

人人头上一片天，脚下一块地。要想天高地阔，必须始终追求更高远的志向。志向是由不满而来。有开始，便有一种梦想，接着是勇敢地去面对，努力地去实现，把现状和梦想中间的鸿沟填平。人活着，应该认清自己现在是什么人，将来想做什么人。给自己设定一个可行又不乏高远的目标，刺激自己把握好人生的每一步，并一步步向着更高的目标推进。

常言道"宁为鸡首，不为牛后"，就是激励人们去开创一片属于自己的天地。其实这也是一种不甘受制于人的强烈的自主意识。这种自主意识，体现着一种不肯甘居人后的强烈的进取精神，也是一个人敢于冒险开拓的超人魄力的具体体现。这种自主意识，也正是一个可能取得大成就的人必不可少的素质。

红顶商人胡雪岩幼年父死家贫，自小就到钱庄当学徒，从扫地倒便壶开始做起。由于他勤快聪明，熬到满师，便成了信和的一名伙计，专理跑街收账。当时不过二十来岁的胡雪岩实在是有些胆大妄为，竟然自作主张，挪用钱庄银子资助潦倒落魄的王有龄进京捐官。不仅自己在信和的饭碗丢掉了，且因此一举，还使自己在同行中"坏"了名声，再没有钱庄敢雇用他，终至落魄到靠打零工糊口的地步。

好在天无绝人之路，王有龄得胡雪岩资助进京捐官，一切顺利，回到杭州，很快便得了浙江海运局坐办的肥缺。王有龄知恩图报，一回到杭州就四下里寻访胡雪岩的下落，即便自己力量有限，也要尽力帮他。

重逢王有龄，因资助王有龄留下的"恶名"自然消除，这时的胡雪岩起码有两个在一般人看来相当不错的选择：一是留在王有龄身边帮王有龄的忙，而且，此时的王有龄确实需要帮手，也特别希望胡雪岩能够留在衙门里帮帮自己。依王有龄的想法，适当的时候，胡雪岩自己也可以捐个功名，以他的能力，肯定会有腾达的时候。胡雪岩的另一个选择是回他做过伙计的信和钱庄，以他此时的条件，回信和必将被重用，实际上，信和"大伙"张胖子收到王有龄听从胡雪岩的安排还回500两银子之后，已经做好了拉回胡雪岩、让出自己的位子的打算。他找到胡雪岩的家里，恳请胡雪岩重回信和，甚至将胡雪岩离开信和期间的薪水都给他带去了。

这两条路胡雪岩都没有走。混迹官场本来就不是胡雪岩的兴趣所在，他当然不会走这一条路，帮王有龄他自然不会推辞，但最终还是要干出一番属于自己的事业。而回到信和，也就是胡雪岩说的吃"回汤豆腐"，他自然更不会去做。这里其实也不仅仅是"好马不吃回头草"的问题，关键在于，这"回汤豆腐"做得再好也不过做到"大伙"为止，终归不过是一个"二老板"，并不能事事由自己做主。

"自己做不得自己的主，算得了什么好汉？"胡雪岩要的就是自己做主。所以他一上手就要开办自己的钱庄——事实是，这时的胡雪岩连一两银子的本钱都还没有，他不过是料定王有龄还会外放州县，以他自己的打算，现在有个几千两银子把钱庄的架子撑起来，到时可以代理官库银钱往来，凭他的本事，定能发达。

这就是气魄，一种强烈地要在商场上自立门户、纵横捭阖、开疆拓土、驰骋一方的气魄。

这种强烈的自主意识，还是胡雪岩能够不断开拓自己事业的基础。如果一个人根本没有想过自立门户，这个人只能永远原地踏步，或者说，跟着别人做一点小生意。

其实生活中，很多人不是没有想法，而是缺乏胆量，缺少自信。到了一定的年纪，他们不敢接受改变，与其说是安于现状，不如坦白一点，那是没有勇气面对新环境可能带来的挫折和挑战。这些人最终只会是一事无成！

说是一只青蛙每天都蹲在火山附近池塘中的一片浮萍上，它对此早已习惯，甚至懒得跳跃去捕捉面前的飞虫。当池塘中其他伙伴找到另一处"妙地"并纷纷前往之时，它依然高仰着头，甚至嘲笑它们。所幸，这只青蛙练就了"长舌绝技"，几乎不用挪动脚步就能捕捉到飞虫。

终于在某天，火山爆发了，池塘中的水被烧沸，沸水接触到了青蛙的脚，但它依旧一动不动。最后，这只青蛙只能活活被灼死。

青蛙的可悲之处在于，它固执于自己的惰性，结果因"安分"而丢掉了性命。其实，逃命并不难，它只需轻轻一跳，就足以让自己躲过这场厄运。

很多时候，我们又何尝不像这只青蛙呢？我们固守着一成不变的生活，以至于形成惯性思维，只知安于现状，绝不肯轻易转变，乃至于自己的人生停滞不前，逐渐为社会所淘汰。

在突飞猛进、竞争激烈的时代，太过安于现状，就会失去机会，失去竞争能力，从而失去成功的可能性。所以说，人不能一直停留在舒适而具有危险性的现状之中，要勇于突破自我，只有这样才能成功。

毋庸置疑，我们都想拥有一片宽阔的人生舞台，但我们首先必须清楚，自己要的是一个什么样的舞台。一个人活得没有志气，最突出的表现就是没有人生目标。没有目标就好像走在黑漆漆的路上，不知自己将走向何处。而所谓的目标，就是你对自己未来成就的期望，确信自己能达到的一种高度。目标为我们带来期盼，刺激我们奋发向上。当然，在为达成目标而努力奋斗的过程中可能遭遇挫折，但仍要坚定信念、精神抖擞。

如果个人对价值理念缺乏定向，往往会导致个人对现存社会价值观念产生怀疑和不满，无法确信生活的意义而使自我迷失。每个人到了老年都会反省过去的一生，将前面的生命历程整合起来，评估自己的一生是否活得有意义、有价值，是否已达到自己梦寐以求的目标。如果认为自己拥有独特的并且有价值的一生，便会觉得一生完美无缺、死而无憾，而且由经验中产生超然卓越的睿智，更能无惧地面对死亡。相反，如果否定自己一生的价值，便会对以往的失败悔恨，余生充满悲观和绝望。因此，不要怀疑自己，更不要否定自己！因为，无论如何，世界上只有一个你，你是独一无二的。"三军可夺帅，匹夫不可夺志。"别人否定你并不可怕，自己决不要否定自己。"人皆可以为尧舜"，如果把尧、舜理解为能参悟宇宙规律的大师，那么这些话可以理解为在真理面前人人平等，人人都能创造美好的未来！

别让思想限制你

极限绝非不可逾越，不可逾越的只有你心中的那道坎。如果说你还希望提升自己的人生价值，改变自己的生存环境，就必须努力去跨越心中的这道坎。这样，你的人生才不至于黯淡无光。

在生活中，我们每个人不可避免地都会遭遇某些失败，如果能够找到症结所在并竭力突破，那么冲出之后便会海阔天空。如果不尝试突破自己，瓶颈就会变成铁闸，限制我们的进步和发展。

据说，成年章鱼的体重可达 70 磅，如此一个庞然大物，却拥有极度柔韧的躯体，若是它愿意，几乎能够将自己塞进任何一个地方。

章鱼最喜欢的事情，莫过于藏身海螺壳之中，待鱼虾靠近，突然发出致命一击——咬住它们的头部，瞬息注入毒液，然后美美地享用一顿。针对章鱼的天性，渔民们想出了一个绝招——他们用绳索将很多小瓶子串联在一起，投入海底。章鱼们一发现小瓶子，便趋之若鹜，最后成了渔民的"囚徒"。

事实上，将章鱼困住的并不是瓶子，而是它们自己。瓶子是死物，它不会主动去囚禁章鱼，反而是它们喜欢往狭小的洞口里钻，最终葬送了卿卿性命。

现实生活中，很多人的思想正与章鱼一样，他们一旦遭遇瓶颈，

只知道将自己困于瓶底，却不懂得去突破、去争取，久而久之，他们的思想越来越狭窄，逐渐失去了原有的光芒。

西方有句名言："一个人的思想决定一个人的命运。不敢向高难度的工作挑战，是对自身潜能的束缚，只能使自己的无限潜能浪费在无谓的琐事之中。与此同时，无知的认识会使人的天赋减弱，因为懦夫一样的所作所为，不配拥有生存状态之下的高层境界。"

事实上，一个人只要勇于突破自己的心态瓶颈，突破极限约束的阻碍，成功就不会太远。

举重项目之一的挺举，有一种"500 磅（约 227 公斤）瓶颈"的说法，也就是说，以人体极限而言，500 磅是很难超越的瓶颈。499 磅纪录保持者巴雷里比赛时所用的杠铃，由于工作人员失误，实际上已经超过了 500 磅。这个消息发布以后，世界上有六位举重好手，在一瞬间就举起了一直未能突破的 500 磅杠铃。

一位撑竿跳选手，苦练多年亦无法越过某一高度，他失望地对教练说："我实在是跳不过去。"

教练问道："你心里在想什么？"

他回答："我一冲到起跳位置，看到那个高度，就觉得自己跳不过去。"

教练告诉他："你一定可以跳过去。把你的心从竿上摔过去，你的身子也一定会跟着过去。"

他撑起竿又跳了一次，果然一举跃过。

心，可以超越困难、突破阻挠；心，可以粉碎障碍；心，最终必会达到你的期望。然而，成功的最大障碍，往往又是你的心！是你面对"不可能完成"的高度时，心为自己设定的瓶颈。

勇于向极限挑战，这是获得高目标生存的基础。现实之中，很多人虽然才华横溢、能力不俗，却具有一个致命弱点——缺乏挑战极限的勇气，只愿做人生中的"安全专家"。对于偶尔出现的"大障碍"、"大困难"，他们不会主动出击，而是觉得"不可能克服"，因而一躲再躲，畏缩不前。结果，终其一生也未能成事。

勇士与懦夫在世人心目中的地位，有着天壤之别。勇士受人尊崇，走到哪里都能闯出一片天地；懦夫遭人冷眼，不受待见，很难得到重用。一位企业老总在描述自己心目中的理想员工时，曾这样说道："我们所急需的人才，是有奋斗、进取精神，勇于向'不可能完成'的任务挑战的人。"可见，勇于向"瓶颈"挑战的人，是人们争相抢夺的"珍品"。

在当今这个竞争激烈的大环境下，如果你一直以"安全专家"自居，不敢向自己的极限挑战，那么在与"勇士"的对抗中，就只能永远处于劣势。当你羡慕甚至是忌妒那些成功人士之时，不妨静心想想——他们为何能够取得成功？你要明白，他们的成功绝不是幸运，亦不是偶然。他们之所以有今天的成就，很大程度上是因为他们敢于向"瓶颈"挑战。在纷扰复杂的社会上，若能秉持这一理念，不断磨砺自己的生存利器，不断寻求突破，你就能够占有一席之地。

渴望成功——这是每一个人的心声。若想实现自己的抱负，从现在开始，你就不能再躲避，更不要浪费大把的时间去设想最糟糕的结局，不断重复"不能完成"的念头——因为这等于是在预演失败。

想要从根本上克服这种障碍，走出"不可能"的阴影，你必须拥有足够的自信，用信心支撑自己去完成别人眼中"不可能完成"的事情。

当然，在灌注信心的同时，你必须了解其"不可能"的原因，看看自己是否具备驾驭它的能力，如果没有，先把自身功夫做足、做硬，"有了金刚钻，再揽瓷器活儿"。要知道，挑战"瓶颈"只会有两种结果——成功或是失败，而两者往往只是一线之差，这不可不慎。

事业成于坚忍，毁于急躁

"事业常成于坚忍，毁于急躁。"坚忍是所有卓越人物的共性。人生路上，我们能否获得成功，往往就在于，当目标确立以后，是不是可以百折不挠地去坚持、去忍耐，直至胜利为止。

其实，生活的现实对于我们每个人本来都是一样的。但一经各人不同"心态"的诠释后，便代表了不同的意义，因而形成了不同的事实、环境和世界。心态改变，则事实就会改变；心中是什么，则世界就是什么。心里装着哀愁，眼里看到的就全是黑暗；心里装着信念、装着坚忍，你的世界亦会随之刚强起来。

刚强的性格永远是成大事者的基本特质。天下所有的成就都不是轻而易举就能获得的，必须要靠刚强的性格去征服。这是最基本的成功法则。一个人在成功之前，一定会遭遇到很多挫折，甚至遭遇某种程度的失败。在失败重重打击一个人时，最简单和最合乎逻辑的方法就是放手不干，大多数人都是这样想的，也是这样干的。

古今中外，众多的成功者并不是依赖机会或好运气，而是得力于他们坚韧不拔的精神。一个人要想成就一番大事业，都不可能一帆风顺。缺乏坚韧力是失败的主要原因之一，也是大多数人常见的共同弱点。但其实，这弱点是可以克服的。

朱威廉出生在美国南加州，父母都是上海人，经营着一家中餐厅，在经过最初的艰苦之后，生活变得越来越富足。大学之时，朱威廉攻读的是法律，出于对警匪片的喜爱，他从小就立志要当一名警察。终于，在大学末期，他前往洛杉矶当了一年的警察。不过，父母觉得这一职业太过危险，非常担心他的安全，所以更希望他能够回家继承家业。

然而，朱威廉并不喜欢经营餐馆，他觉得这种工作太过枯燥，与自己向往的生活相去甚远。而且作为一个男人，在自己家中做事，完全没有自我价值的体现，没有独立的感觉。所以，虽然为不使父母担心而放弃了警察职业，但朱威廉始终没有同意经营餐馆。

当时，中国正处于高速发展时期，许多外商都选择在中国投资。于是，1994年，朱威廉带着3万美金来到上海。他想得很天真，以为来了就可以成就一番大事业。可到了上海他才发现，自己的想法竟是如此幼稚——别人投资动辄几十万甚至几百万美金，而自己只有区区3万美金。而且，他一到上海就住在了高级宾馆中，每晚至少要花费200美金。半年之内，朱威廉连续搬家，从五星到四星、三星、两星、一星、没星，最后落魄到租住一间20多平方米的旧民房，连空调都没有安装。这时候，他的口袋里只剩下了几千块美金。

到了山穷水尽的时候，他也打过退堂鼓，觉得在中国做事业太难，人多，竞争也大。有一次，他都到了机场，甚至连行李业已办完托运。可坐在机场休息大厅里一想："就这么回去多没面子啊！"以前来自家餐馆吃饭的多是中国人，很多人都会大叫："我要回中国做生意去了。"但过了三四个月，再回来以后，就什么都不说了，在朱威廉看来，这些人就像是夹着尾巴逃回来一样，往往成为大家的笑柄。如果就这样回去，那岂不是和他们一样了吗？这会被朋友们笑死的！

于是，在飞机起飞前，朱威廉又决定重振旗鼓，从头开始，背水一战！

创业之初，他只有一个15平方米的办公室，一台从美国运来的苹果机，后来招聘了两名员工，有了一点小小的知名度。那时，朱威廉

还亲自跑业务，并且一连做成了几笔小生意，有了成绩，他又在大学里招了几名员工。可是好景不长，他的业务经理挖了自家墙脚，将大部分员工带走另起炉灶。朱威廉的账户里就只剩下两三百元人民币了。这件事给了他很大刺激，同时也给予了他极强的动力，他越发努力起来。几年以后，他获得了"沪上直邮广告大王"的美誉，他的总公司设在上海，员工人数达 90 余名，此外，在北京、重庆，朱威廉又都设立了分公司。1997 年，他的公司成功加盟世界上最大的广告集团。

刚到上海时，朱威廉觉得中国的人文环境与美国文化背景差异很大，总是和人沟通不到一起去，他几乎没有朋友。一个人很孤独。于是，朱威廉经常在网上写些东西，开始的时候，只是放到其他网站上，后来就想拥有一块属于自己的、比较安静的"地盘"，可以让大家都来真诚地写点东西，互相交流一下。在这种想法的驱使下，朱威廉开设了"榕树下"网站，他先把自己写的东西放上去，后来，"路过此地"的人也开始投稿。这些文章一开始都是先投到他的信箱中，由他编辑好后再放到网站上，这样就可以控制稿件的质量。开始时，每天只有一篇、两篇，后来越投越多，多到每天接近上百篇。这样一来，朱威廉一下班就得回家进行更新，根本没有时间处理其他事情。有一次他去伦敦开会，在那里更新网站，结果花了 1000 多英镑。

长此以往不是办法，他决定成立一个编辑部。1999 年 1 月，"榕树下"编辑部正式成立，设有十几位编辑，原来都是"榕树下"的作者。当时他做梦也没想到，"榕树下"后来会成为影响网络文学发展的一个重要网站。朱威廉以自己广告公司的赢利来养着"榕树下"，仅在最初的半年，开支就超过了百万元，但他并没有后悔，因为"榕树下"的点击率、访问人数在成倍增长，越来越多的人喜欢上了"榕树下"。

作家王安忆曾说道——"榕树下"是"前人栽树，后人乘凉"，这让朱威廉非常感动，或许这正是对他坚持理想的一个最大赞誉。

开弓没有回头箭，箭镞一旦射出，必然是有去无回。人生同样如此，迈出脚步以后，若发现路上设有障碍，不妨绕过去或是另辟蹊径，但绝对不能后退到原点，这是我们做人必须奉行的一种坚持！

所以，别让外在力量影响你的行动，虽然你必须对压力做出反应，但你同样必须每天以既定方针为基础向前迈进。用你对成功的想象来滋养你强烈的欲望，让你的欲望热情燃烧，最好能烧到你的屁股，随时提醒你不可在应该起来而行动时仍然坐待机会。

联想到我们日常的工作和生活，遇到失意或悲伤的事情时，我们一样要学会调整自己的心态。如果你的演讲、你的考试和你的愿望没有获得成功，如果你曾经因为鲁莽而犯过错误，如果你曾经尴尬，如果你曾经失足，如果你被训斥和谩骂……那么请不要耿耿于怀。对这些事念念不忘，不但于事无补，还会占据你的快乐时光。抛弃它吧！把它们彻底赶出你的心灵。如果你的声誉遭到了毁坏，不要以为你永远得不到清白，怀着坚定的信念勇敢地走向前吧！

《王竹语读书笔记》中写道："忍耐痛苦比寻死更需要勇气。在绝望中多坚持一下下，终必带来喜悦。上帝不会给你不能承受的痛苦，所有的苦都可以忍。"是的，一个人只要具备了坚忍的品质，便可以苦中取乐。若懂得苦中取乐，则必然会苦尽甘来。

面对人生中的各种苦难，如果我们都能从容面对、积极克服，那还有什么困难不能克服的呢？世人都认为能满足心愿就是快乐，可这种愿望常常被快乐引诱到痛苦中；成功者平日能忍受各种横逆不如意的折磨，在各种磨炼中享受奋斗抗争之乐，最终换来真快乐。

正如古语所云："宝剑锋从磨砺出，梅花香自苦寒来。"宏图大业不是异想天开、一蹴而就的，不经一番风霜苦，哪有梅香扑鼻来？成大功、立大业者，都得经过艰苦卓绝的奋斗、不同寻常的忍耐，几乎可以说，任何人所能取得的成就，基本上都是在坚忍中一点一

二、究竟未来何等模样，你是否概念清晰

滴积累起来的。细节上渐渐积累，战略上目光长远，进取心百折不挠，方可为自己事业的成功奠定下厚实的基石。

做人的道理，就好比堆土为山，只要坚持下去，终归有成功的一天。否则，眼看还差一筐土就堆成了，可是到了这时，你却歇了下来，一退而不可收拾，也就会功亏一篑，没有任何成果。所以说，只有勤奋上进，不畏艰辛一往无前，才是向成功接近的最好途径。

三、低调是成功的开头，你肯不肯低头

你或许觉得自己无所不知，你或许觉得自己无所不能，你或许觉得自己高人一等，你或许觉得天赋异禀，于是，你觉得自己拥有了高调的资本。事实上，这世界上每一份成功的事业，都是从低调开始的，由低到高，步步为营，这是成功不变的程序。

不懂装懂，贻害无穷

求知最忌讳的就是自欺欺人，不懂装懂。如果只是为了读书获得知识，这种"自欺欺人"还只不过是害己而已，没有什么大碍。但如果让这种人领导企业，那就不是害己的问题了，可谓是"小则害己害人，大则毁掉企业"。为此，对于我们而言，绝不要低估了不懂装懂的危害。因为它完全可能让一个人的品质转变，堕落成为一种社会公害，可谓是贻患无穷。

曾听过这样一个笑话：

某人问："你怎样评价莎士比亚？"

甲说："还可以，只是口感不如'XO'。"

乙反驳道："喂！你不要不懂装懂！莎士比亚是一种甜品，怎么被你说成酒了！"

这个笑话真的令人啼笑皆非，寥寥数语，满含哲理。它告诫我们：知道就是知道，不知道就是不知道，不要不懂装懂。

其实，我们每个人都不可能对任何事情精通于心，必然有很多需要弥补和学习的地方。而不懂装懂就好像是给不足之处盖上了一块遮羞布，施了个障眼法，暂时挡住了别人的视线，让自己能够苟延残喘。殊不知，等到真相大白的那一天，不懂装懂的人终究是要为自己的无知付出代价的。

话说苏东坡在湖州做了 3 年官，任满回京。想当年因得罪王安石，落得被贬的结局，这次回来应登门拜见才是。于是，便往宰相府来。此时，王安石正在午睡，书僮便将苏轼迎入东书房等候。苏轼闲坐无事，见砚下有一方素笺，原来是王安石两句未完诗稿，题是咏菊。苏东坡不由笑道："想当年我在京为官时，他写出数千言，也不假思索。三年后，正是江郎才尽，起了两句头便续不下去了。"把这两句念了一遍，不由叫道："呀，原来连这两句诗都是不通的。"诗是这样写的："西风昨夜过园林，吹落黄花满地金。"在苏东坡看来，西风盛行于秋，而菊花在深秋盛开，最能耐久，即使焦干枯烂，却不会落瓣。一念及此，苏东坡按捺不住，依韵添了两句："秋花不比春花落，说与诗人仔细吟。"待写下后，又想如此抢白宰相，只怕又会惹来麻烦，若把诗稿撕了，不成体统，左思右想，都觉不妥，便将诗稿放回原处，告辞回去了。第二天，皇上降诏，贬苏轼为黄州团练副使。

　　苏东坡在黄州任职将近一年，转眼便已深秋，一日忽然起了大风，风息之后，后园菊花棚下，满地铺金，枝上全无一朵。东坡一时目瞪口呆，半晌无语。此时方知黄州菊花果然落瓣！不由对友人道："小弟被贬，只以为宰相是公报私仇。谁知是我错了。切记啊，不可轻易讥笑人，正所谓经一事长一智呀。"

　　苏东坡心中含愧，便想找个机会向王安石赔罪。想起临出京时，王安石曾托他取三峡中峡之水用来冲阳羡茶，由于心中一直不服气，早把取水一事抛在脑后。于是便想趁冬至节送贺表到京的机会，带着中峡水给宰相赔罪。

　　此时已近冬至，苏轼告了假，带着因病返乡的夫人经四川进发了。在夔州与夫人分手后，苏轼独自顺江而下，不想因连日鞍马劳顿，竟睡着了，等到醒来，已是下峡，再回船取中峡水又怕误了上

京时辰，听当地老人道："三峡相连，并无阻隔。一般样水，难分好歹。"便装了一瓷坛下峡水，带着上京去了。

苏东坡先来到相府拜见宰相。王安石命门官带苏轼到东书房。苏轼想到去年在此改诗，心下愧然。又见柱上所贴诗稿，更是羞惭，倒头便跪下谢罪。

王安石原谅了苏轼以前没见过菊花落瓣。待苏轼献上瓷坛，取水煮了阳羡茶。王安石问水是从哪里取的，苏东坡说："巫峡。"王安石笑道："又来欺瞒我了，这明明是下峡之水，怎么冒充中峡的呢？"苏东坡大惊，急忙辩解道误听当地人言，三峡相连，一般江水，但不知宰相是怎么辨别出来的。王安石语重心长地说道："读书人不可道听途说，定要细心察理，我若不是到过黄州，亲见菊花落瓣，怎敢在诗中乱道？三峡水性之说，出于《水经补注》，上峡水太急，下峡水太缓，唯中峡缓急相半，如果用来冲阳羡茶，则上峡味浓，下峡味淡，中峡浓淡相宜，今见茶色半天才现，所以知道是下峡的水。"苏东坡敬服，王安石又把书橱都打开，对苏东坡说："你只管从这二十四橱中取书一册，念上文一句，我若答不上下句，就算我是无学之辈。"苏东坡专拣那些积灰较多，显然久不观看的书来考王安石，谁知王安石竟对答如流。苏东坡不禁折服："老太师学问渊深，非我晚辈浅学可及！"

苏东坡乃一代文豪，诗词歌赋，都有佳作传世，只因恃才傲物，口出妄言，竟三次被王安石所屈，从此再也不敢轻易傲慢他人。苏东坡尚且如此，而那些才不及东坡者，更应谨言慎行，谦虚好学。一个人读不尽天下的书，参不尽天下的理。正如古人所说："宁可懵懂而聪明，不可聪明而懵懂。"

其实，不懂就不懂，为何要装懂呢？细思之，但凡有此陋习者一般原因有二：一是肚中本来没有多少知识，一旦被人问住，想回答"不知道"，但是又怕自己丢人，所以只好不懂装懂，信口胡诌，答非所问，敷衍了事，从而得以脱身；二是自己的能耐不大，但是却耐不住寂寞，于是就开始在人前人后"打肿脸充胖子"，摆出一副博古通今的架势，张嘴就是"张飞打岳飞，打得满天飞"，专门吓唬那些学识浅薄的人，从而借以扬名。

说到底，不懂装懂其实就是自欺欺人，更是一个人在求知过程中对待缺点和不足的一种遮掩。

可见，不懂装懂不仅无用，反而有害。汉代鸿儒董仲舒曾写道："君子不隐其短，不知则问，不能则学。"所谓"不隐其短"就是要敢于承认自己的不足，敢于解剖自己。"不知则问"就是让自己少几分羞涩与虚伪，多几分坦诚与谦虚。"不能则学"就是要学习自己原来不明白的东西，弥补缺陷，不断充实自己，成为一个有真才实学的人。

我们也只有踏踏实实地学习，实事求是地做人，才能够在人生道路上站得稳、走得端。

虚心求教，不懂就问

古往今来，那些在各自领域做出杰出成就的人，多是虚心好学之人，他们虚心求教的对象，是不拘于何人何时何地的。或许正因为如此，成功才如此眷顾于他们。这是一种"礼"，更是一种成功的必经途径。

《论语》中有这样一段：子入太庙，每事问。或曰："孰谓人之子知礼乎？入太庙，每事问。"子闻之，曰："是礼也。"其释义如下：一次，孔子来到周公庙，每件事情都发问。有人便说："谁说叔梁纥的这个儿子懂得礼呢？他到了太庙，每件事都要向别人请教。"孔子听到后，便说道："（不懂的地方就问，）这正是礼呀。"孔子说这些话是在担任鲁国司寇时，此时他已到知天命的年龄了，他的知识、为人，那时早已闻名遐迩，他真的对太庙的一切一无所知吗？显然不是，其所以"每事问"，正表现了孔子处处谦虚、谨慎，虚心好学，不耻下问的治学精神。

常言道，大海之所以为大，在不拒细流；高山之所以为高，在不辞壤土。知识不惧多，学问无止境，不知则学，精益求精，既是做人的道理，也是求学的"捷径"。古今之伟人、名人，在学业、事业上有造诣的人，莫不具备"每事问"的精神。

有"神医"之称的我国古代医学家华佗，精通内科、外科、妇科、儿科、针灸等各科，其中，尤以外科最为擅长。华佗成名以后，来请他诊治的人非常之多。

某日，有一年轻人前来看病，华佗询问检查过后得出结论："你所患之病为头风病，药倒是有，只是药引子无法寻找。"

"需要用什么做药引子呢？"

"生人脑。"病人闻言吓了一跳，这药引子确实无法寻找，于是，只得失望地回家了。

一段时间过后，年轻人又遇到位老医生，老医生问他："你可曾找人看过？"

"我找华佗看过，他说要用生人脑做药引子。"

老医生摇摇头，说道："不必非用生人脑，你去找十顶旧草帽，熬汤喝了就可以。记住，一定要找人家戴过多年的。"

年轻人依言而行，果然药到病除。

又一日，华佗巧遇年轻人，见他精神抖擞，不似有病模样，于是惊讶地问道："你的头风病治愈了？"

"是啊，多亏了一位老先生。"

华佗将事情了解清楚，心里非常敬佩那位老医生。他决定向老医生请教，将他的经验学来。但他知道，如果人家知道他是华佗，肯定不会收为徒弟。于是，他将自己扮成一名普通人，跑到老医生那里当起了学徒工。

直至三年以后，老医生外出，华佗在为人治疗疑难杂症时被老医生看穿了身份。老医生对华佗的好学精神极为钦佩，将自己多年的行医经验及所得偏方倾囊相授。从此，历史上便有了这样一段虚心求教、不耻下问的美谈。

所谓"人外有人，天外有天"。纵使你身怀绝技，也会有人更胜于你；纵使你才高八斗，毕竟也是所知有限。谦虚是求学建功必备的一种素质，谁不谦虚，谁就会被成功拒之门外。

虚心求教、不懂就问的良好习惯，不仅体现出一个人良好的修养和深厚的内涵，而且在实际的学习和生活中，也会让自己受益匪浅，水平不断地得到提升。

尤其是在竞争中，当对峙双方条件不相上下时，往往是低调而谦虚的人更容易得到他人的认可，因为他给人的感觉更真诚、更富有人情味。相反，态度傲慢、自以为是的人，多是不受人待见的，因为张狂总是会刺伤他人的自尊心，引起他人的反感甚至是防范，从而陷入了被动。

所以，不要因为别人在某一方面不如自己，就加以轻视别人。

须知，人各有所长，虚心可以使我们取他人之长补自己之短。如此一来，我们才能随时随地地严格要求自己，夯实自己，才能在虚心求教中不断得到进步。

低调做人，高调做事

要想做事，必须先学会做人，只有学会了做人，才能圆圆满满地做事。做人应以低调谦虚为基准，做事则要高调有信心，事情做好了，低调做人的水平也就又上了一个新台阶。

青山不语，自是一种高远，些许丘壑又岂能阻断人们仰视它的目光？

大海不语，自是一种广阔，容纳百川的度量任谁不去艳羡？

低调做人是一种人生智慧，高调做事是一种人生态度！唯有将二者融合在一起，我们才能成就一个涵蕴厚重、丰富充实的人生。

春秋时期鲁国有个叫孟之反的人，官至大夫。有一次，鲁国与齐国交战，大败而归，鲁国军队争相撤退回城，逃命之相非常狼狈。孟之反独自率军殿后，当他最后一个撤入城门时，鲁国国君和同僚纷纷称赞他的勇敢，但是，孟之反却很谦虚地说道："不是我勇敢，只是我的坐骑太累了，怎么样鞭打它也不肯走！"

孔子对孟之反称赞有加，而他的那句"非敢后也，马不进也"就是对低调做人、高调做事最好的诠释，令后世之人纷纷效仿。

东汉时同样有这样一个人，他的名字叫冯异。

冯异戎马一生，驰骋沙场几十年，战功卓绝，乃汉光武帝刘秀中兴时期的一员名将。但冯异其人有这样一个特点——每次战斗结束以后，诸将并坐论功行赏之时，他为了避功，将封赏让给自己的部下，总是独自坐在大树下读书思过。因为他的这一举动，军中将他敬称为"大树将军"。冯异有帅才，不骄不躁，虽然战功赫赫，但仍非常低调。

更始元年，时为大司马的刘秀率部将王霸、冯异等人历经艰险，攻克邯郸城，擒斩王昌，平息叛乱。冯异在邯郸之战中表现尤为突出，他不畏艰险，克服重重困难，夜不眠休，为夜宿河北饶阳地区的刘秀大军筹措军粮，熬煮稀豆粥，帮助将士解除饥寒，保持战斗力的充沛。

刘秀率军行至南宫时，天不作美，骤降大雨，寒潮之气令人发颤，军士瑟瑟。又是冯异四处奔波，找来大量柴薪引火，让将士取暖烘衣，又送上散发着香味与热气的粥饭，使军士衣干腹饱，重上战场。

邯郸一战，刘秀大获全胜。战后他表彰冯异"功勋难估，当为头功"。然而，正当刘秀召集众将领盘坐旷野、论功行赏之时，军士熟悉的一幕又出现了——冯异离开众人，找到一棵老槐树，坐下来聚精会神地读起了《孙子兵法》。刘秀只得吩咐侍卫将冯异连拉带拽地请到身侧，可冯异仍拒不受赏，实在推脱不过，他便极力将功劳推给自己的一位部将，令这位部将感激涕零。刘秀见到这种情况，又以大量金银为赏，冯异却毫不保留地分给了邯郸之战中表现勇猛的士兵。

很多人在达到一定高位时，不是居功自傲，便是骄横跋扈、盛气凌人。其实，宇宙之大、人际之繁，一人之功、一己之才，相对

而言又算得了什么？做人若能如孟之反、冯异那般，做事的时候向前冲，力求将事情做到最好，功成以后保持谦虚，不与人争，才真的令人敬佩。

其实，人生于世，立身之根基不外乎两样——做人、做事，然而要打好这两大基础则绝非易事。做人之难，难在对情绪的掌控、对人生的参悟、对欲望的控制；做事之难，难在衡量，难在从复杂的利益与矛盾中寻找一个平衡点，难在得到众人的认可。那么，既然做人难，做事亦如此难，我们又该如何是好呢？这就要求我们在做人方面严于律己、谦虚谨慎、淡泊名利、不事张扬；在做事方面追求创新、力求卓越，不断提升对于自身的要求。若是能将二者相融合，使其相辅相成、相得益彰，我们就能够获得一片广阔的天地，成就一个多彩的人生。也就是说，若想自己的人生有所建树，我们必须学会"低调做人，高调做事"，而这也正是大多数有作为者成功的关键所在。

不会低头，便会碰头

民间有句谚语说得非常贴切——"低头的是稻穗，昂头的是稗子"。人也是一样，越成熟、越饱满的人，头反而垂得越低。只有那些无知浅薄之辈，才会显摆招摇，始终将头抬得老高。

聪明的人大多懂得顺势而曲，保存实力，坦然面对屋檐的存在。

他们随机应变、能伸能屈，从而避免了很多忌妒与是非，因而，他们的人生之路大多走得比较顺畅。

一次，一位器宇轩昂的年轻人，昂首挺胸、迈着大步去拜访一位德高望重的老前辈。不料一进门，他的头就重重地撞在了门框上，疼得他一边不住地用手揉搓，一边看着比他的身子还矮一大截的门。恰巧这时，那位前辈前来迎接他，见之，笑着说："很疼吧？可是，这将是你今天来访问我的最大收获。"

年轻人不解，疑惑地望着他。

"一个人要想平安无事地生活在世上，就必须时刻记住：该低头时就低头，这也是我要教你的事情。"老人平静地阐述道。

这位年轻人，就是被称为"美国之父"的富兰克林。

据说，富兰克林把这次拜访得到的教导看成是一生中最大的收获，并把它作为人生的生活准则去遵守，因此受益终身。后来，他成了功勋卓著的一代伟人。

能低头者可分两种：一种是胆小懦弱之人，他们见势则怕，苟求安稳，往往为人所轻视；一种是有雄心大志之人，他们为达己任，忍辱负重，伺机成大业者。毋庸置疑，后者低头并非胆怯，而是"低"有所图，乃是成大事者的一种谋略，更值得我们学习。

越王勾践送姬尝便、卧薪尝胆的故事，堪称此中经典。勾践战败后，听从范蠡、文种之言，示之以弱，服侍夫差，忍人所不能忍，终得反败为胜，一雪他日之耻。

周敬王二十七年，夫差遣伍子胥、伯吉为大将，统军 30 万，直逼越国。

越王勾践不纳范蠡、文种之言，率兵轻进，结果大战之下，越

兵死伤无数，胜负已成定局。勾践见大势已去，只好在众臣保护下，仓皇逃跑，吴军势如破竹，穷追不舍，将勾践藏身的会稽山围得水泄不通。勾践束手无策，便向大臣们寻求解困良策，文种说道："如今之计，唯有求和。"勾践叹气道："吴军已获全胜，此时又怎会答应讲和呢？"文种说："吴国的太宰伯嚭，是个贪财好色之徒。只需以重金和美女贿赂于他，求和就大有希望。吴王夫差十分宠信伯嚭，对他言听计从，只要他出面向吴王夫差说几句好话，求和之事，不怕夫差不同意。"

果然，伯嚭收下了美女和珠宝后，便向夫差建议与越国讲和。夫差终未能抵挡住伯嚭的花言巧语，同意了越国的求和，但提出要越王勾践夫妻入吴国做人质。勾践无奈，为求生存，更为了日后的复国大计，只好顺从夫差之意，放下国君的架子，带着王后和大臣范蠡，来到吴国。

入吴以后，勾践将所带珠宝全部送给了夫差及吴国大臣，自己住的是低矮石屋，吃的是糠皮野菜，穿的是难以遮体的粗布衣裳，每天勤勤恳恳地打柴、洗衣、养猪，如奴隶一般，毫无怨言。

每隔一段时间，夫差都要亲自巡视，当他看到勾践一直如此，顾忌之心便逐渐淡化，认为困苦和劳作已经将他们折磨得麻木不仁，不足以谨慎提防。

勾践在困于吴国的 3 年中，一直忍辱负重，又不断令人贿赂伯嚭。而伯嚭，在每次收到越国礼物后，都要去夫差面前为勾践说情。日久天长，夫差便也萌生了释放之心。一次，在伯嚭为勾践讲情时，夫差便透露出欲放勾践回国的想法，但此念头被伍子胥一番激辞挡了回去。

某日，勾践闻夫差身体有恙，便入见伯嚭请求探望，伯嚭奏请夫差，获准。于是，伯嚭带着勾践来到夫差病榻前。勾践一见夫差，当即伏地而跪，说道："闻大王贵体微恙，不胜焦虑，特奏请前来探望。我略通医术，可为大王诊病，望能得大王允许，以表效忠之心。"

这时，恰逢夫差要大便，勾践等人退出屋外。再次返还时，勾践拿起夫差的粪便，仔细品味，尝后，勾践伏地称贺："大王即将痊愈！我尝大王粪便乃是苦味，这是病情好转的预兆。"

夫差见勾践对自己如此忠心，大受感动，当即表示，病好后就送勾践回国。

勾践回国以后，一方面送出西施等美女迷惑夫差，一方面励精图治、重整旗鼓。他为不忘吴国之耻，夜卧柴薪，吃饭时必先尝苦胆。他与大臣亲自耕作，王后则亲自纺纱织布。在这种激励下，越国迅速恢复元气，勾践终于重振雄风大败夫差，雪了前仇旧恨。

倘若勾践没有超人的毅力和忍心，就不可能挺过那屈辱的 3 年，倘若他没有向夫差低头示弱，事事谦恭谨慎，就不会得到夫差的信任，那么不仅复国无望，甚至连性命都未必能够保全。

正所谓"人在屋檐下，怎能不低头"。当生活中出现屋檐，你正可以借这句话低下高昂的头颅——既保全了自己的颜面，又不会碰伤头颅，岂不是两全其美？屋檐与头相撞，谁更坚硬，谁更疼痛？相信撞过的人一定心中有数！不想头破血流，就请你轻轻低下头颅。聪明人必然懂得示敌以弱、韬光养晦，这才是成功的正道。

三、低调是成功的开头，你肯不肯低头

鹰立如睡，虎行似病

其实有时示弱并不代表自己真的就很"弱"。生活中，适当的示弱可以麻痹敌人；相反，倘若我们不懂得忍让，则往往会乱了大局。做人要懂得一点以退为进。强大的人示弱，可以展现自己博大的胸襟；而软弱的人示弱，则可以帮助自己积蓄力量，让自己厚积薄发。

明代人洪应明在《菜根谭》一书中写道："鹰立如睡，虎行似病，正是他攫人噬人手段处。故君子要聪明不露，才华不逞，才有肩鸿任钜的力量。"其意为：雄鹰和猛虎在捕食前，前者立于枝头，似在打盹；后者行走起来宛如生病一般。然而，这不过是它们麻痹猎物、捕杀对方的一种手段。因此，君子只有善于隐晦，聪明而不外露，有才华而不张扬，才能担当起重任，实现胸中大志。

吴倩与赵菲是大学同学，毕业以后就职于同一家广告公司。赵菲工作认真，踏实肯干，相比之下吴倩在工作中则显得热情不高，上班时总是一副磨洋工的样子。某日快下班时，赵菲让吴倩帮自己参谋一份广告策划方案，吴倩想都没想便推脱掉了："已经下班了还看什么呀？老板又不会多给一分钱。我还赶着去和朋友吃饭约会呢！"无奈，赵菲只好一人在办公室中继续她的构思。次日一早，赵菲将广告策划方案交给总监，得到了总监一番好评。

不久，公司一位主管因事离职，吴倩与赵菲都有机会得到晋升。

赵菲认为自己踏实肯干，对公司屡有贡献，主管之位非自己莫属。但人事任命下来后，不仅出乎赵菲意料之外，就连其他同事亦大跌眼镜——被提上去的竟然是吴倩。

事后，据知情人透露，原来一向在众人面前懒懒散散的吴倩，压根儿就没懒惰过，她一直利用业余时间去参加在职培训，不断为自己充电；同时，她与上司的联系也从来没有停止过，上司一直对她颇为青睐。至于她的懒散、怠慢，那不过是演给大家看的一场戏而已。

故事中吴倩所用的这种方法，在我国古代的竞争中也常被应用，三国时的曹丕就是这方面的高手。

曹操曾经在嫡长子曹丕和三子曹植之间犹豫不决，不知道到底该立哪一个为世子好。依照旧例是立长子，但曹丕虽然是很能干，然而曹植的文采过人，名满天下，很受曹操的喜爱和器重。

曹丕很担心弟弟会取代自己的位置，就向心腹大臣贾诩求助。贾诩性格内向，老成持重，智谋超群但从不轻易显露，他本身就是一个低调的人，因此一般人都不能了解他的才干。但善于识人的汉阳阎忠却认为他有张良、陈平之才。

贾诩为曹丕制定了扬长避短、以拙制巧之计。他对曹丕说："愿将军恢崇德度，躬素士之业，朝夕孜孜，不违子道。如此而已。"也就是说："只要您有德行和度量，兢兢业业做事，并且不要违背做儿子的礼数就可以了。"曹丕觉得贾诩的话很对，自己的办事能力不亚于弟弟，只要不给别人换世子的借口，那父亲也没有道理要换掉自己。于是他处处以忠厚老实的面目出现，谨慎小心，不越雷池一步，不失时机地表现自己的孝顺和德行。

有一次，曹操率兵亲征，曹植特意做了文章来歌功颂德，讨曹操的欢心，同时也向大臣们显示自己的才能。但是曹丕却伏地而泣，长跪不起，什么话也不说，就是趴在那里痛哭流涕。曹操十分惊讶，问他为何如此伤心。曹丕便哽咽道："父王年事已高，还要挂帅亲征，作为儿子，我心里又担忧又难过，觉得自己实在是太不孝了，不能替父亲分忧，所以如此悲伤。"

一语惊四座，满朝肃然，大臣们都为曹丕的仁孝而感动，连曹操都深深为之动容。相反，曹植的表现却让人觉得他没心没肺，丝毫不为父亲的亲征而担心，只知道炫耀自己，实在是有悖孝道，恐怕也不能做好一国之君。这件事使得曹丕在曹操心目中的分量加重了，天平倾向了他那一端，曹植渐渐被冷落。

后来，曹操为世子之事询问贾诩的意见，贾诩起初闭口不答。曹操说："我向爱卿请教世子之事，爱卿为什么不回答呢？"贾诩说："臣适有所思，所以一时没有回答。"曹操问他何所思，贾诩说："臣想起当初袁绍和刘表的事来。"原来，当初袁绍死后立袁尚为主，冷却长子袁谭，结果导致子嗣间为了争权引起内乱，最终灭亡。同样，刘表也没有立长子刘琦，亦致内乱。贾诩之所以提起此二人，就是在提醒曹操前车之鉴不可忘，曹操自然也明白他的意思，又见曹丕一直表现良好，便于建安二十二年（公元217年）立曹丕为世子。

曹操在去世前曾评价他的几个儿子："我深爱三子曹植，但是他为人虚华，不诚实，嗜酒放纵。二子曹彰有勇无谋，四子曹熊身体多病难以保全。只有长子曹丕，为人笃厚恭谨，可继我业。"

当曹操的死讯传来时，曹氏兄弟都在外地，但表现各不相同。曹丕在邺郡，当他得知父亲的棺椁即将到来时，便率领大小官员出城十里，披麻戴孝，伏道迎入城中，显得哀戚难忍，孝感动天。而曹植却一向是将自己的君子之风放在首位，虽然听闻使者来传达哀信，仍端坐不动，并不显得有多么悲哀，虽说如此很有狂士之风，但是未免让大臣们觉得他不孝。

于是在曹操死后，曹丕顺理成章地登上了魏国的王位。

如果曹丕不是按照贾诩的嘱咐以退为进，而是冲动地和曹植争夺权位，结果可能就会大不一样。因为在世人心中，他的才华明显不如曹植，而且结交的英豪也不如曹植多，胜负很难定论。但是曹丕的聪明之处就在于，他能够随顺自然，以不争为争，恪守为人子本分，让曹植一个人尽情表演。结果，曹植的炫耀反而衬托了曹丕的德行，让他登上了王位。

正所谓"真人不露相，露相非真人"。有心智的人，即便身怀绝技亦会深藏不露，而是示敌以拙，麻痹对手，静待时机，一鸣惊人。打个简单的比方，你见过哪个富翁每天穿金戴银，提着钱箱子到处显摆呢？可是当他们出手投资时，多会惊得你瞠目结舌。

争气不是争一时之气

为争一时之气拼个你死我活，这于己于事毫无益处。当泰山压顶之时，你弯一下腰又有何妨？弯一下还有挺直的机会，而腰若是被压断了也就再挺不直了。

73

很多人不能忍一时之气，喜欢硬充好汉，结果撞得头破血流，连自己都不能保全，更别提打败对手了。所谓"直如弦，死道边；曲如钩，反封侯"，虽然听起来可悲，但细思之，正直固然可敬，若能曲径通幽地达到正义的目的，是不是更好呢？

青年拳击手王亚为，有一天骑自行车上街，在路口等红灯时，后面冲上来一个骑车的小伙子撞到他的自行车上。小伙子不但不道歉，反而态度蛮横，要王亚为给他修车。王亚为很是恼火，但是他极力控制自己的情绪不发作。这小伙子不自量力，口出狂言："你是运动员吧？你就是拳击运动员我也不怕，咱们练练？"一听对方要打架，王亚为连忙后退说："别打别打，我不是运动员，我也不会打架。"因为他的示弱，一场冲突避免了。事后他说："我知道，我这一拳打出去，对普通人会造成多大的伤害。我必须时刻提醒自己要忍耐，示弱反而让我感到自己更强大。"

人生如棋，一味冲撞的阵前卒子很容易丢掉身家性命。唯有将帅者才知道何时该冲锋陷阵，何时该韬光养晦。做人处世需知过刚则易折，骄矜则招祸，必要时忍辱负重，刚柔并济，进退有度，谋定而后动。

明嘉靖时，奸臣严嵩得皇帝宠信，权势熏天，在朝中对不顺从他的大臣横加迫害，很多人敢怒不敢言，许多有志之士更是把推翻严嵩当作目标。

当时严嵩任内阁首辅大学士，而徐阶为内阁大学士，他在朝中很有名望，严嵩曾多次设计陷害他。徐阶装聋作哑，从不与严嵩发生争执，徐阶的家人忍耐不住，对徐阶说："你也是朝中重臣，严嵩三番五次害你，你只知退让，这未免太胆小了。这样下去，终有一天他会害死你的。你应当揭发他的罪行，向皇上申诉啊。"

徐阶说："现在皇上正宠信严嵩，对他言听计从，又怎么会听信我的话呢？如果我现在控告严嵩，不仅扳不倒他，反而会害了自己，连累家人，此事绝不可鲁莽！"

严嵩为了整治徐阶，就指使儿子严世藩对徐阶无礼，想激怒他，自己好趁机寻事。一次，严世藩当着文武百官的面羞辱徐阶，徐阶竟是没有一点怒色，还不断给严世藩赔礼道歉。有人为徐阶打抱不平，要弹劾严嵩，徐阶连忙阻止，他说："都是我的错，我惭愧还来不及，与他人何干呢？严世藩能指出我的过失，这是为我好，你是误会他了。"

徐阶在表面上对严嵩十分恭顺，他甚至把自己的孙女嫁给严嵩的孙子，以取信严嵩。嘉靖四十一年（公元 1562 年），邹应龙告发严嵩父子，皇帝逮捕严世藩，勒令严嵩退休。徐阶亲自到严府安慰，使得严嵩深受感动，叩头致谢。严世藩也同妻子乞求徐阶为他们在皇上面前说情，徐阶满口答应下来。

徐阶回家后，他的儿子徐番迷惑不解，说："严嵩父子已经获罪下台，父亲应该站出来指证他们了。父亲受了这么多年委屈，难道都忘了吗？"

徐阶佯装生气，骂道："没有严家就没有我的今天，现在严家有难，我负心报怨，会被人耻笑的！"严嵩派人探听到这一情况，信以为真。

严嵩已去职，徐阶还不断写信慰问。严世藩也说："徐老对我们没有坏心。"殊不知，徐阶只是看皇上对严嵩还存有眷恋，且皇上又是个反复无常的人，严嵩的爪牙还在四处活动，时机还不成熟。他悄悄告诉儿子："严嵩受宠多年，皇上做事又喜好反复，万一情势有

变，我这样做也能有个退路。我不敢疏忽大意，因为此事关系着许多人的生死，还是看情况再做定夺的好。"

等到严世藩谋反事发，徐阶密谋起草奏章，抓住严嵩父子要害，告严嵩父子通倭想当皇帝，才使得皇上痛下决心，除掉严嵩父子。

徐阶不逞匹夫之勇，默默忍耐，委曲求全以作自保，终于等到时机扳倒了严嵩父子。

没有十足的把握就不动手，徐阶的做法可谓谨慎有加。正因为他能忍辱负重，示敌以弱，才能在严嵩的步步紧逼下化险为夷，最后抓住机会一举歼敌。

我们做人处世也应该谨慎小心，不能争一时之气，急躁冒进，否则只会撞得头破血流。

在实力不如对手时，忍耐和取信于对方是很有效的办法，可以让对手放松警惕，从而取胜。在工作与生活中，适时地隐忍也有助于人际关系的和缓。当实力不如对方时，不妨默默忍耐，静候时机，这才是真智慧，才是真争气。

不在其位，别谋其政

领导自然有他的威严，即便他的决策有误，也决不允许你代他做主。身在职场，倘若连这一点都看不懂，那你还想有什么作为？

领导做出的决策往往都是经过深思熟虑的，他需要下属对决策的认可和尊重，需要下属不折不扣地执行决策。

作为一个下属，如果希望获得领导的欣赏，学会尊重领导的决定是第一要诀。不管你职位多高，你都不能忘记一点：你的工作是协助领导完成经营决策，而不是制定决策。因此，领导的决定，即使不尽如你意，甚至和你的意见完全相背时，你也得低头顺从。

大多数领导都希望自己的下属充满活力与冲劲，而不会希望下属暮气沉沉，成为机器人。执行领导的决策，并不意味着你是一个毫无主见的下属，也不意味着你将失去工作中的活力。但你应该知道，表现在工作上的活力与冲劲，一定要符合领导的理想与要求。否则，领导会认为你不够成熟，做事不用大脑，自然也不敢把重要的工作交给你。

下面这个例子中的下属就做了一件出力不讨好的事情。

"糟了！糟了！"胡经理放下电话，就叫了起来，"那家便宜的东西，根本不合规格，还是原来林老板的好。"接着，胡经理狠狠地捶了一下桌子："可是，我怎么那么糊涂，竟写信把他臭骂一顿，还骂他是骗子，这下麻烦了！"

"是啊！"秘书王卉转身站起来，"我那时候不是说吗？要您先冷静冷静再写信，可您不听啊！"

"都怪我在气头上，想这小子过去一定骗了我，要不然别人怎么那样便宜。"胡经理来回踱着步子，指了指电话，"把电话告诉他，我亲自过去道歉！"

王卉一笑，走到胡经理桌前："不用了！告诉您，那封信我根本没寄。"

"没寄？"

"对！"王卉笑吟吟地说。

77

"嗯……"胡经理坐了下来，如释重负，停了半晌，又突然抬头，"可是我当时不是叫你立刻发出吗？"

"是啊！但我猜到您会后悔，所以压下了。"王卉转过身，歪着头笑笑。

"压了三个礼拜？"

"对！您没想到吧？"

"我是没想到。"胡经理低下头去，翻记事本，"可是，我叫你发，你怎么能压？那么最近发往美国的那几封信，你也压了？"

"我没压。"王卉脸上更亮丽了，"我知道什么该发，什么不该发……"

"你做主，还是我做主？"没想到胡经理居然霍地站起来，沉声问。

王卉呆住了，眼眶一下湿了，两行泪水滚落，颤抖着、哭着喊："我，我做错了吗？"

"你做错了！"胡经理斩钉截铁地说。

王卉被记了一个小过，是偷偷记的，公司里没人知道。但是好心没好报，一肚子委屈的王卉，再也不愿意伺候这位"是非不分"的胡经理了。

她跑去孙经理的办公室诉苦，希望调到孙经理的部门。"不急！不急！"孙经理笑笑，"我会处理。"隔两天，果然做了处理，王卉一大早就接到一份解雇通知。

看完这个故事，你会想这是个"不是人"的公司。胡经理不是人，孙经理也不是人，明明王卉救了公司，他们非但不感谢，还恩将仇报，对不对？如果说"对"，你就错了！

正如胡经理所说——"你做主，还是我做主？"

假使一个秘书，可以不听命令，自作主张地把经理要她立刻发的信，压下三个礼拜不发，"她"岂不成了经理？如果有这样的"黑箱作业"，以后交代她做事，谁能放心？

再进一步说，自己部门的事，跑去跟别的部门经理抱怨，这工作的忠诚又在哪里？

如果孙经理收了她，能不跟胡经理"怼上"？而且哪位经理不会想："今天她背着经理，来向我告状，改天她会不会倒戈，又跟别人告我一状？"

所以王卉不但错了，而且错大了，她非但错在不懂人情，更错在不懂工作伦理。他毕竟还是你的老板，公司毕竟还是他做主。出了错，他最先承担。有面子，也该由他来卖。此外，你必须知道，老板永远是向着老板，就算在工作上对立，在立场上也一致。

办公室是一个团体，作为领导，一定有其管理原则和经营目的。下属的责任，就是要在这一管理原则下，把自己的工作做得更好，这样才能协助领导完成经营目标。

如果每个人都认为听从领导的话，顺着领导的意思去工作，就是逢迎，而只按自己的想法去做，那么这个办公室将会成什么样子？没有统一的经营观念，没有制度的约束，做什么事情都是各人随心所欲，不用想也知道，用不了多长时间这个公司就会垮掉。

所以，身为下属切忌擅作主张，只有把这个问题搞清楚，你才能与领导和谐相处。

得意时需早回首

人之一生，总有荣时衰时，人在得意之时，多会通过某些形式表达内心的喜悦，此乃人之常情。但切记，得意之时更应保持冷静、清醒、理智的大脑。倘若太过疏狂，难免要引火烧身，得意之情太过，即便是身边至亲之人，也会心生反感的。人在失意以后还要遭受罪责，都是在得意时埋下的祸根。所以在拥有成功和圆满的生活时，一个正人君子不能不时时小心谨慎。

《菜根谭》中有云："恩里由来生害，故快意时，须早回首。"意在告诫世人，在得到恩惠时往往会招来祸害，所以在得心快意的时候要想到早点回头。一个人应该有自知之明，任何时候任何情况下都应摆正自己的位置，保持自谦上进的品质。即使是为国家建有大功，成为天下崇拜的英雄，假如自己产生自夸功勋的念头，把自己沉浸在一个荣誉的花环中，那他的大功不但会在自傲中丧失，说不定为此还会招来意外的祸患。

得意时早回头，这是人们根据长期生活积累而总结出的经验之谈，其内在含义很深。在封建社会，有"功成身退"的说法，因为"功高震主者身危，名满天下者不赏"，"弓满则折，月满则缺"，"凡名利之地退一步便安稳，只管向前便危险"，都说明了"知足常乐，终生不辱，知止常止，终身不耻"。人们由于贪恋名利，往往会招致身败名裂的悲剧下场。而从做人角度看，得意时更要谨慎，不骄不躁。

在这一点上，晚清重臣曾国藩便很有原则，他有取清代之的能力，却一直甘居人下。无论后人贬其愚忠也好、怯懦也罢，但不得不说，这亦是稳中求进的处世哲学。

早在安庆战役后，曾国藩部将即有劝进之说，而胡林翼、左宗棠都属于劝进派。劝进最力的是王闿运、郭嵩焘、李元度。当安庆攻克后，湘军将领欲以盛筵相贺，但曾国藩不许，只准各贺一联，于是李元度第一个撰成，其联为"王侯无种，帝王有真"。曾国藩见后立即将其撕毁，并斥责了李元度。在《曾国藩日记》中也有多处诫勉李元度慎审的记载，虽不明记，但大体也指是这件事。曾国藩死后，李元度曾哭之，并赋诗一首，其中有"雷霆与雨露，一例是春风"句，潜台词仍是这件事。

李元度联被斥，其他将领所拟也没有一联合曾意，其后"曾门四子"之一的张裕钊来安庆，以一联呈曾，联说："天子预开麟阁待；相公新破蔡州还。"曾国藩一见此联，极为赞赏，即命传示诸将佐。但有人认为"麟"字对"蔡"字不工整，曾国藩却勃然大怒说："你们只知拉我上草案树（湖南土话，湘人俗称荆棘为草案树），以取功名，图富贵，而不读书求实用。麟对蔡，以灵对灵，还要如何工整？"蔡者为大龟，与麟同属四灵，对仗当然工整。

还有传说，曾国藩寿诞，胡林翼送曾国藩一联，联说："用霹雳手段；显菩萨心肠！"曾国藩最初对胡联大为赞赏，但胡告别时，又遗一小条在桌几上，赫然有："东南半壁无主，我公其有意乎？"曾国藩见之，惶恐无言，将纸条悄悄地撕个粉碎。

左宗棠也曾有一联，用鹤顶格题神鼎山，联说："神所凭依，将在德矣；鼎之轻重，似可问焉！"左宗棠写好这一联后，便派专差送

给胡林翼，并请代转曾国藩。胡林翼读到"似可问焉"四个字后，心中明白，乃一字不改，加封转给了曾国藩。曾阅后，乃将下联的"似"字用笔改为"未"字，又原封退还胡。胡见到曾的修改，乃在笺末大批八个字："一似一未，我何词费！"曾国藩改了左宗棠下联的一个字，其含意就完全变了，成了"鼎之轻重，未可问焉"！所以胡林翼有"我何词费"的叹气。一问一答，一取一拒。

曾国藩的门生彭玉麟，在他署理安徽巡抚、力克安庆后，曾遣人往迎曾国藩。在曾国藩所乘的坐船犹未登岸之时，彭玉麟便遣一名心腹差弁，将一封口严密的信送上船来，于是曾国藩便拿着信来到了后舱。但展开信后，见信上并无上下称谓，只有彭玉麟亲笔所写的十二个字："东南半壁无主，老师岂有意乎？"这时后舱里只有曾国藩的亲信倪人皓，他也看到了这"大逆不道"的十二个字，同时见曾国藩面色立变，并急不择言地说："不成话，不成话！雪琴（彭玉麟的字）他还如此试我。可恶可恶！"

接着，曾国藩便将信纸搓成一团，咽到了肚里。

当曾国藩劝石达开降清时，石达开也曾提醒他，说他是举足轻重的韩信，何不率众独立？曾国藩默然不应。

此事对曾国藩来说，不敢乘势而进，是怯懦，顶住众人压力是勇敢，这进退去从之间谁能分辨得清，谁又能把握得好呢？

诚然，获取成功是一件赏心悦目的事情，足以体现人生价值。但是你自己有多大能耐在一个群体里脱颖而出，有哪些有利条件？有哪些不利因素？都需要你知己知彼；否则你是瞎子点灯笼——白费蜡。因此，曾国藩在建功立业的过程中并没有脑袋一热，极度自我膨胀，而是分析自己的利与不利，找出克服不利的办法，为超越别人打好基础。这就是在获取成功过程中"停一停，看一看"

的经验。

很多人在得意之时，往往会将压抑已久的张狂、独断与专横暴露出来，亦有可能会得寸进尺、欲求更多，因而趾高气扬、指手画脚、盛气凌人，或是逆势而行，完全一副"当今天下，谁能挡我"的架势，骄横而不可一世。而这种人，到头来多不会有什么好的收场。

因为壮大，往往滋生自负、自满的情绪。危险往往就潜藏在人们的自满中，在人们懈怠的那一刻突然出现。所以无论现状有多好，我们时时都要具有忧患意识。只有居安思危，做好迎战厄运到来的思想准备，才能使"盈满"的状态保持长久，一旦危机来临，也不会措手不及。

张狂骄傲，不可一世会让人生迷失方向。当我们"煮酒论英雄"之时，可曾想过"山外青山楼外楼"的道理？是否明白我们只是芸芸众生中的一粒微尘？就此而言，我们是不是更该谨慎？是不是该在稳中求进、人前多恭谦、得意时多低调？相信如此一来，我们的人生会更加和谐美好。

天道忌盈，人事惧满，月盈则亏，花开则谢，这些虽然是出于天理循环，实际上也是人的盈亏之道。事业达于一半时，一切皆是生机向上的状态，那时可以品味成功的喜悦；事业达于顶峰时，就要以"如临深渊，如履薄冰"的态度来待人接物，只有如此才能持盈保泰，永享幸福。否极泰来，物极必反，就像喝酒喝到烂醉如泥，就会使畅饮变成受罪。有些人就上演了这出悲剧。往往事业初创时大家小心谨慎，而到成功之时，不仅骄奢之心来了，夺权争利之事也多了。所以每个欲有作为的人都应记住"月盈则亏，履满宜慎"的道理。

　　做人，还是深沉一点好。不要为一时之得意而忘乎所以，不把任何人放在眼里，以致招来非议，断了自己的后路。须知，乐极反而生悲。

　　正所谓"百计营求都得意，更须守己莫心高"。大凡人在初创崛起之时，不可无勇，不可以求平、求稳，而在成功得势的时候才可以求淡、求平、求退。这也是人生进退的一种成功哲学。

四、总是抱怨人生庸碌，是否你不够投入

我们常常抱怨人生平淡无奇，抱怨这生活太过乏味、庸碌。我们将这一切归咎于"天公不作美"，归咎于"世界太不公平"，归咎于"不可遇的机遇"……但你有没有想过，我们究竟做过些什么？你有没有想过，人生如此庸碌，是不是你不够投入？

你不能决定开始，却能决定结局

人一出生便注定要面对痛苦，譬如有的人出身贫寒，有的人天生残疾，等等。不过，聪明人不会沉溺在这种痛苦之中，因为他们相信，没有快乐的开始，自己依然能够打造一个完美的结局。

人生在世，很多事情确实不由我们自己做主。就拿出身来说，一部分人生就富贵之家，多数情况下我们会降生在一个平凡人家。生于不同的家境，你可以去指责上苍的"不公"，但你绝不能怨天尤人、得过且过，将大好的青春白白浪费。

事实上，很多成功人士的人生起点同样很低，但他们能够把这种"不公"转化成动力，在平凡的起点上，铆足劲攀上不平凡的高度。而这些人成功的关键因素就是，他们对生活的态度以及做人的心态。

罗伯特·巴拉尼出生在一个贫困家庭，年幼时不幸患上骨结核病。由于贫困没钱根治，他的膝关节最终落下残疾——永久性僵硬。父母为儿子感到伤心，巴拉尼当然也痛苦至极。然而，尽管当时只有七八岁，但他却懂得把自己的痛苦隐藏起来，他对父母说："你们不要为我伤心，我完全能做出一个健康人的成就。"听到儿子的这番话，父母悲喜交集，抱着他泪流满面。

从此，巴拉尼狠下决心——一定要证明自己不比别人差！父母为儿子的坚强、"好胜"大感欣慰，他们每天交替接送巴拉尼上下学，十余年风雨不辍！巴拉尼也没有辜负父母的心血，没有忘掉自己的誓言，从小学至中学，他的成绩一直在同年级学生中名列前茅。

　　18岁时，巴拉尼考入维也纳大学医学院，并获得了博士学位。大学毕业以后，作为一名见习医生，他留在了维也纳大学耳科诊所工作，由于工作努力，颇受该大学医院著名医生——亚当·波利兹的赏识。于是，波利兹对他的工作和研究给予了热情的指导。此后，巴拉尼对眼球震颤现象进行了深入研究和探源，经过多年努力，他发表了题为《热眼球震颤的观察》的研究论文。这篇论文的发表，受到了医学界的广泛关注和认同，耳科"热检验法"就此宣告诞生。在此基础上，巴拉尼再度深入钻研，通过实验最终证明——内耳前庭器与小脑有关，从此奠定了耳科生理学的基础。

　　几年后，著名耳科医生亚当·波利兹病重，他将自己主持的耳科研究所事务及维也纳大学耳科医学教学任务，全部交给了巴拉尼。繁重的工作给了巴拉尼很大压力，但他没有畏缩，他在出色完成工作之余，仍继续着对自身专业的深入研究。此后，巴拉尼先后发表了《半规管的生理学与病理学》、《前庭器的机能试验》两本著作，基于他在科研领域的突破性贡献，奥地利皇家决定授予他爵位殊荣，接着，巴拉尼又斩获了诺贝尔生理学及医学奖。

　　巴拉尼一生共计发表科研论文184篇，曾医治好诸多耳科绝症患者。为纪念他的卓越成就，医学界探测前庭疾患试验、检查小脑活动及与平衡障碍有关的试验，都是以他的姓氏命名的。

　　巴拉尼的起点如何？——家庭贫困且自幼残疾，其境况简直可以用"悲惨"来形容！然而，正是困境对于他的激励，才使其心生斗志，并最终取得了堪称伟大的成就。试想一下，假如没有贫困和残疾的刺激，他会怎样？或许会成为一个衣食无忧的平凡人。假如他在困境面前消沉退缩又会怎样？只能在贫困的深渊中越陷越深。幸运的是，他没有这样做，他在父母的帮助以及自己的努力下，用正确的生活态度和规律调整着自己的行为方向。这样，一条康庄大

道出现在了他的眼前，将他引出困境、引向一条更有价值、更有意义的人生之路。

起点低算什么？无非是一种磨砺，倘若你能像巴拉尼一样，将磨砺当成激励，用努力去挑战困境，你就一定能够得到别人的认可，令别人对自己高看一眼。

真的，人的活法往往是由他自己的想法所决定，即便我们的起点很差，但是人生仍然有无限的可能。今天我们看到的强者，你怎知当初他不是弱者？事实上，绝大多数成功人士也与你我一样，当初并没有一个快乐的开始，但是他们却用毅力、用努力为自己打造了一个完美的结局。

毫无疑问，我们都想成为生活中的强者。那么，就不要再去抱怨那些已然无法改变的事实。无论是出身差也好，先天有残疾也罢，一切带给你"卑微"起点的理由，都不能成为你"不上进"的借口。其实成功这种东西，只要你真心肯要，你就能得到。

业精于勤荒于嬉

"书山有路勤为径，学海无涯苦作舟"。人生就是一个不断超越自我的过程，人只有在认识到自身的不足以后，不断进行自我完善，才能不断取得进步。那些不懂得充实自己的人，显然是愚蠢的。

"成事在人"，这是俗语，也是真理。一件事、一项事业，人是最根本的因素。你用什么样的态度来付出，就会有相应的成就回报你。如果以勤付出，回报你的，也必将是丰厚的。所以，从某种意义上讲"成事在勤"实不为过。所以，养成勤的习惯，对于每一个青年人来说都是必需的。

人生旅途上的食粮是勤奋。没有它，一个人不可能在人生之路上走很远，即使能走远，也是碌碌无为的，走了很长的路，却依然两手空空。只有勤奋，才能走好人生的路，获得事业的辉煌。圣贤不是天生的，都是勤奋造就的。

世上成功之事，缺了勤奋就会变得不易实现。如果有了勤奋，成功也就不会太难了。

"勤"字成大事，"惰"字误人生。那些成功人士都会在"勤"字上下功夫，告诫自己莫要懒惰，故才能够获取。相反，有多少人惰性十足，岂能超过别人呢？凡懒惰者都是可怜虫！

古人形容学习刻苦，常用"十年寒窗苦读"这句话。其实，这仅仅是考取功名前的阶段。许多人通过这种途径，一举成名，而随后就把"读书"这块敲门砖给丢弃了。而真正的杰出贤者，不但在成功之后依然勤学不辍，甚至终其一生都在为不断提升自己的知识和能力而不懈努力。

宋代的两个名相——王安石、司马光就是这样的典范。

7 岁的时候，司马光开始跟老师学习《左氏春秋》。这是一部记载春秋时期历史的编年体史书，言简意赅，微言大义，理解起来有一定的难度。为此，他手不释卷，刻苦研读，以至于常常忘记口渴了要喝水，肚子饿了也不知道。这使得他的家人对他心疼不已，却又不忍责备他。

他学习入迷，真是达到了废寝忘食的地步。他用一节圆滚滚的木头来做枕头，取名叫作"警枕"。夜里睡觉，偶一翻身，圆木便会滚动，他就会从梦乡中惊醒，于是披衣起床，挑灯夜读。7 年之后，他便能够懂得圣人之道，到了 15 岁，他"于书无所不通"，难懂的《左氏春秋》不再晦涩难懂，并打下了良好的文学功底，写出的文章

"文辞醇深，有西汉风"。他没有辜负他父亲的殷切希望，开始崭露头角；连缀诗文，远近闻名。

王安石也是从小就好学不倦，据说，连吃饭睡觉的时候，手中的书也不肯放下。他的学习兴趣很广泛，不管是儒家的经书，古代的史书，还是哲学著作、诗歌、小说，甚至医书，他都认真阅读。不光学习书本知识，就连种田的学问、妇女缝衣绣花的功夫，他都留心注意。

22岁时，王安石考中了进士，被派到扬州做淮南判官。在官署里，他除了办公以外，就是埋头学习，甚至连睡觉的时间都牺牲了。有时，他读书一直到天快亮，实在支撑不住了，才睡上一两个小时。而后便匆匆起床，胡乱穿上衣服，到府衙去办公，常常连脸都顾不上洗。因此，人们总见他蓬头垢面，一副奇形怪状的模样。

当时，担任扬州知府的是韩琦，他见这个科第出身的属官如此不修边幅，放浪形骸，就怀疑他夜间不务正业。为此，韩琦多次好心地劝告王安石说："你年纪轻轻，前途不可限量，要自爱才是。千万不能自暴自弃，误入歧途啊！"王安石听了，只是连声感谢太守的教诲，一句分辩的话也没有说。日后韩琦得知王安石之所以衣冠不整，形容憔悴，是因为通宵达旦苦读的缘故，心中大为惊奇。从此，便对王安石另眼相看了。

宋仁宗庆历七年，王安石改任鄞县知县。一到职，就给自己定了一个规矩：一周中，拿出两天时间集中处理公务，其余时间全部用在读书和写作上面。他非常勤奋，为了多读一些书，忘记了休息睡眠，连吃饭的工夫也常常被挤占了。每当他得到一本新书，就昼夜不分，专心致志地去诵读，简直到了入迷的程度。

王安石几十年如一日博览群书，钻研了大量经史典籍和政治、经济、军事、文学艺术等著作，同时还研究了佛学和道学。孜孜不倦地学习读书，使王安石的眼界越来越宽广，学识越来越渊博，这使他最终成为我国历史上杰出的政治家和文学家。

　　司马光、王安石能够成为杰出的政治家、文学家不是靠手段，更不是靠运气，靠的是坚持不懈的修业进德，不断地提升自己。这样，他们的水平达到了那种层次，并且有一种积极向上、旷达圆融的精神贯穿支撑，难怪他们会在芸芸众生中脱颖而出。

　　毫无疑问，成功需要辛勤的汗水来浇灌，懒惰、不求进取是成功最大的敌人。人的一生很短暂，但生命的成长和精神境界提升的历程却是一个漫长的过程。许多人都在追逐一些华而不实的东西，却忽视了作为人一生中一切事物的根基的进德修业功课，以致到头来才发觉自己的一生其实都处于浑浑噩噩的状态中，并未取得任何实质性的成就。

　　自我完善不仅是为人处世的前提条件，更是自身充实生命的需要，因此，需要时时处处勤奋努力。即使这样，也不可能达到完美，但因此而放松懈怠，却更是一种自弃。没有人能够在自己的生命之外，找到真正能安身立命的所在。

　　毫无疑问，学习是有利于人生进步的，同时，它亦可充实我们的生活。一个人如果知道自己学得不够，自然而然就会谦虚谨慎，而越学又越会觉得自己无知、渺小，于是乎自己的感悟及收获就会大增。

　　毫不过分地说，学习，就是我们"点石成金的手指"，是我们立足于社会的根本。在"千军万马过独木桥"的今天，唯有懂得学习、会学习，才能出人头地，摘下属于自己的胜利果实。

　　所以，每一个志在成功的人，必须不断地在工作和生活中学习新的知识、汲取新的养分，借以不断提升自身的能力。要知道，在知识"折旧"的过程中，即便是原本可以"点石成金"的手指，也会逐渐失去光泽，最终变得与普通手指一般无二。

　　可以肯定，每个人的身上都有不足之处，这就需要不断去弥补。

四、总是抱怨人生庸碌，是否你不够投入

正所谓"学无止境"，为学修业绝不应该满足。人这一生，需要学习的东西数不胜数，我们应该有的放矢，身上缺少什么，就补充什么，如此才能不断地完善自己。

学而时习之，不亦说乎

现如今，知识、技能"折旧"的速度越来越快，未来职场的竞争，将会逐渐由技能竞争转化为学习能力的竞争，一个善于学习且能够坚持学习的人，势必为社会所青睐，前途必然会一片光明。

子曰："学而时习之，不亦说乎？"这是《论语》的开篇之语，也是孔子思想的总纲。孔子不但在理性上一直重视学习，而且也认为，这是人内心快乐的源泉。同时，基于学习之上的感悟，更是一种智者的欢悦。人生在世，能够每天都对世界有新的认识、新的发现，并且有所体悟，有所感动，才能真正算得上是一种高层次的活法。

孔子提倡的学习，不只限于书本学习，更重要的是学习做人、做事。因此，孔子在教学中强调"实践"。把所学的东西经过反复实践，真正掌握了，那才能体会到真正的喜悦。这是一个人成长的喜悦。

宋代大儒朱熹曾用"涵泳"来论读书。所谓"涵"，好比绵绵春雨滋润花草，好比清清渠水灌溉禾苗。春雨滋润花草，太小就难以使花草透湿，而太大就容易使花草倒伏，恰如其分则会使花草浸湿而又滋润。渠水灌溉禾苗，太小就会使禾苗干枯，太多就会使禾苗淹没，恰如其分就会使禾苗滋润而茁壮。所谓"泳"，好比鱼儿在水里游动，好比人在水里洗脚。程颐说鱼儿在潭水里跳跃，显得十分活泼；庄子说在桥上看鱼儿在河里游动，人们哪里知道它们不快乐呢？这是鱼儿在水中得到愉悦。善于读书的人，必须把书籍看成水，而将自己的心智当作花草、当作禾苗、当作泳水的鱼、当作洗涤的脚，这样，才能在享受读书的同时，也在潜移默化中提升了自己的学问水平和做人层次。

清朝入关后的第二个皇帝康熙，在幼年的时候就刻苦读书，每日竟达十余小时之多。及至青年时，经史子集便烂熟于胸了。特别难能可贵的是，他成年以后，在治理国家的实践中，知道了自然科学的重要，便发奋地学习起自然科学来。据史书记载：他亲自召见外国传教士中通晓自然科学的徐日升、张诚、白晋、安多等人，请他们轮流到内廷养心殿讲学。讲学内容有量法、测算、天文、历法、物理诸学。就是外出巡视，也邀请张诚等人随行，于公事之余，或每日，或间日，至寓外讲学。康熙帝虚怀若谷，认真学习，甚至还亲自演算，一丝不苟。西人张诚在给自己国家的报告中也说："每朝四时至内廷待上，直至日没时还不准归寓。每日午前二时间及午后二时间，在帝侧讲欧几里德几何学或物理学及天文学，以及炮术的实地演习的说明。上甚至有时忘记用膳……"

康熙帝不只虚心地向外国传教士学习，还能礼贤下士向国内许多有学问的人请教。当时有名的数学家陈厚耀，有名的天文学家、数学家梅文鼎，他都多次召见，研讨各种学问。他还不耻下问，向梅文鼎请教许多数学、天文学的难题，并认真揣摩，直至达到消化理解，融会贯通为止。

坚持不懈的学习生活，使康熙帝的学问博大精深，特别是在自然科学方面更有造诣。他经常在宫中设立讲堂，为王子皇孙们讲授几何学。每遇王子皇孙玩忽学业，他都严惩不贷。他还披阅了梅文

鼎的许多著作，并提出不少具体意见，使梅文鼎都惊讶他的学问渊深。他还接受数学家陈厚耀的建议，组织编纂了一本集那个时代数学之大成的百科全书《数理精蕴》，书草成后，他亲自审阅，有时已过子夜尚不休息。康熙帝刻苦自励的学习生活和所达到的知识水平，直使促进了康熙盛世的出现。

现在很多人读书只是为了消遣，或者是为了装饰，凑热闹，以显示自己的修养，这样的人读书就离开了大道。说现代人浮躁，在读书上看得最清，不能静静地坐下来，潜心体味。

须知，读书摆脱了功利的实用主义，把读书看成修身之必需，这样书才能读出味道，读书时才能不浮躁，静下心，持之以恒。心静、明理的结果必然是学习上的持恒和透彻。

对于我们而言，若想在人生之中有所建树，无论你身处哪一岗位、从事何种事业，都不能停下学习的步伐。你应该清楚地意识到，知识、技能是事业的基石。在它们能够支撑你的事业时，绝不能懈怠，令其落在时代后头；当它们不能达到事业要求时，你必须加重学习任务，以适应时代的变化。如此你会发现，在瞬息万变的信息时代，学习就是安身立命、开创天地的一把利器，只有通过学习来超越自我，你的人生才会更有意义。

若是一味沉浸在以往的成就中扬扬自得，不思进取，不去学习适应社会发展的能力，你的人生就一定会受到阻碍，甚至停滞或是倒退。

你应该知道，当今的企业对于不思进取的人，根本毫无情义可言。每一名员工必须对自己的工作技能负责，必须不断提升自己的价值。竞争是残酷的，你不去征服它，就只能被竞争所淘汰。

不是不能做，而是不踏实

事业成功与工作态度，就像车身与车轮一样，如果你不让车轮着地，汽车就永远不可能驶向远方。脱离了现实便只能令我们生活在虚幻之中，不能脚踏实地，只能在空中飘着，那所有的远大目标也只不过是海市蜃楼。有时，某些人看似一夜成功，但是如果你仔细看看他们以往的奋斗历史，就知道他们的成功绝非偶然——他们早就投入了无数的心血，打好了坚固的基础。

我们是不是会这样？——刚刚迈出校门，就想着"执掌帅印"；刚刚开始创业，就想着富甲天下。对于小事，我们不屑为之，一鸣惊人、震动天下才是我们的"理想"所在。倘若要我们从底层做起，岂有此理！那是屈才，是做领导的有眼无珠、大材小用！为什么做不出成绩？是自己生不逢时，是因为没有伯乐赏识！但我们可曾静下心来想过，自己究竟做过些什么？答案是——没有！

那么，我们是不是总觉得自己高人一等，是不是总觉得自己处处都比别人更强？谁都能做的工作让我们去做？——我们不甘心、不情愿，因为"大丈夫处世，当扫天下，安事一屋"？我们激情四溢、志存高远，可是老大不小却依然一事无成，于是我们徒呼："奈何！心比天高，命比纸薄！"可是，我们是否仔细思考过，这"命比纸薄"的根结在哪儿？答案依然是——没有做事！

我们是不是时常这样抱怨："每天都要做些鸡毛蒜皮的小事，烦都烦死了，这不是浪费生命吗？难道我宝贵的青春就要在这些小事

上消磨殆尽?"答案很可能是——是的!

如果上述种种情况都曾在我们身上出现过,甚至还在延续,那么很不幸,我们患上了一种顽疾,它的名字叫"好高骛远"!

谁如果感染了这种病毒,那么他的心灵必然会受到侵害,他甚至会认为,人生可以不经过程而直奔终点,不从卑俗而直达高雅,舍弃细小而直达广大,跳过近前而直达远方。这会直接导致他在人生操作上犯下大错误,乃至跌下大跟头!

那么,就让我们来简析一下这种顽疾的成因。它始于心性高傲,成于轻浮于世。也就是说,过高的心性令我们对自己、对现实产生了错误的认识,于是我们盲目认为自己就是做大事的料,认为自己就只应该做大事。接着,我们开始等待成就大事的机遇来临,只是这一等,便不知等待了多少个春秋。慢慢我们发现,身边的一切貌似都在改变,曾经的同事如今变成了上司,曾经的穷小子如今已然事业有成……而不变的只有我们自己的心性,我们依然在高傲地等待着,只是不知,还要等待多少个年头……这,便是我们不成功的根结所在!

如果说我们想改变这种状态,那就只有一剂良药可用——脚踏实地。

一位哲人曾经说过:"好高骛远会导致人生大败,脚踏实地则更容易成就未来。"很多时候我们都错误地将"好高骛远"当成是"目标远大",其实不然。诚然,它们都是对人生的一种向往和憧憬,而二者的区别就在于,能否脚踏实地地为目标的实现付出足够的努力。我们蹒跚学步时都有过这样的体会,当我们走不稳时若想去跑,那必然会摔跟头。其实在人生路上行走也是如此,我们只有踏踏实实地经营好每一个环节,才能保证人生大厦不会倾覆。路标永远指向前方,但是前进的道路却在我们脚下,只有实实在在地走好每一步,才能够走得更稳、更远。

事实上，小至个人，大到一个公司、企业，它们的成功发展，都是来源于平凡的积累。因此，请不要看轻任何一件所谓的小事，因为没有人可以一步登天。当我们认真对待并做好每一件事时，我们会发现自己的人生之路越走越宽，成功的机遇也会接踵而至。

人，如果能一心一意做事，世间就没有做不好的事。这里所讲的事，有大事，也有小事，所谓大事与小事，只是相对而言。很多时候，小事不一定就真的小，大事不一定就真的大，大事小事可能很有关联，小事积成大事。关键在于做事者的认识能力。我们一心想做大事，常常对小事嗤之以鼻，不屑一顾，其实可能连小事都做不好，还妄谈什么成功？

先哲们常教我们"勿以善小而不为，勿以恶小而为之"。这是因为先哲们明白，"小事正可于细微处见精神。有做小事的精神，就能产生做大事的气魄"。所以不要小看做小事，不要讨厌做小事。只要有益于工作，有益于事业，我们就能用小事堆砌起事业的大厦，堆砌起人生的长城。

其实许多小事并不小，那种认为小事可以被忽略、置之不理的想法，只会令我们错失很多机遇。

美国标准石油公司曾有一位小职员，他的名字叫"阿基勃特"。他在出差时，每到一家旅馆都会在自己的签名下方写上——"每桶4美元的标准石油"，在书信及收据上也不例外，签了名，就一定会写上那几个字。他因此被同事叫作"每桶4美元"，而他的真名倒没有人叫了。

公司董事长洛克菲勒知道这件事后说道："竟有如此努力为公司做宣传的职员？我要见见他。"于是，洛克菲勒邀请阿基勃特共进晚餐。

后来，洛克菲勒卸任，阿基勃特成了标准石油公司第二任董事长。

也许在我们大多数人眼中，阿基勃特签名时署上"每桶4美元的标准石油"，这实在是小事一件，甚至有人会嘲笑他。可是这件小事，阿基勃特却做了，并坚持把这件小事做到了极致。在那些嘲笑他的人中，肯定有不少人的才华、能力在他之上，可是最后，他却成了董事长。一个人的成功，有时纯属偶然，可是谁又敢说，那不是一种必然呢？

进步需要一点一滴的努力，就像"罗马不是一天建成的"一样，每一个重大的成就，都是一系列小成就逐渐累积的结果。而很多时候，我们人生的失误就在于好高骛远、不切实际，既脱离了现实，又脱离了自身，总是这也看不惯，那也看不惯。或者以为周围的一切都与我们为难，或者不屑于周围的一切，不能正视自身，没有自知之明。其实，我们该掂量自己有多大的本事，有多少能耐，要知道自己有什么缺陷，不要以己之所长去比人之所短。

空想误身，实干是途

谁在那里浮想联翩？谁在那里游乐无度？你无所事事地度过今天，就等于放弃了明天，懒汉永远不可能获得成功，没有机遇是失败者不能成功的借口。

理想不是想象，成功最害怕空想。要想成就人生，就必须干将起来。躺在地上等机遇永远不会成功，因为机遇早已从头顶飘过。那些成功者都是个不折不扣的实干家。综观他们的生平处世，不仅积累了具体事情亲身入局的办法，更体验到了天下大事需积极出面入局的意义。

相反，我们之中的很多人想法颇多，但大多就只是空想，结果反而一事无成。这种弱点经常在喜欢冒险的人身上显现，这些冒险者发达起来时，简直就像希腊神话中点石成金的米达斯，无论做什么生意都赚钱。他们自己和别人都相信他们会一直飞黄腾达下去。而问题却往往出在当他们垮下去的时候。

这些人的基本问题是，目标太分散以致行动起来游移不定。

这个世界总是为那些有目标的人准备着路径的。如果一个人有目标、有对象，晓得他自己是向着何处前进，那么，他就比那些游荡不定、不知所从的人来得更有成就。没有对象，就不能有迅速的进步。有人曾经这样说："如果你不知道你是往何处去，你便不会达到什么目的。"

想法太多，或者要想实现的目标太多，跟没有想法、没有目标其实是一样有害的。

在遭遇挫败的一段时间，过去的一切似乎总是挥之不去，我们仿佛被钉死在上面了。我们会一直思考，又不时做一些修正。似乎在我们有行动能力之前，必须先回顾过去并且了解它的意义。所有的人都注定要成为自己一生的历史学家。

遭遇重大的挫折时，最重要的一件事就是要对自己诚实。除非我们解答出何以失败的问题，否则就无法把失败变成成功之母。

只有用分析家理智的头脑，而不是情绪化的埋怨责备，才能把我们从失败的情绪之中解放出来。失败实在不是什么了不得的事，即使最棒的人也在所难免，能够从失败中汲取经验，才是了不起的事。

聪明的人唯一与众不同的是，他们能够记起自己在性格上的失败教训——例如堕入空想。

曾国藩最不喜欢经常空幻想、发牢骚、怨天尤人的做法，提出

四、总是抱怨人生庸碌，是否你不够投入

"天下事在局外呐喊议论总是无益，必须亲身入局，才能有改变的希望"的原则。

曾国藩处世的成功，和他主张的做事必须躬亲实践有关。关于这一点，清末的蔡冠洛说：曾国藩以前任两江总督时，讨论研究的文书，条理清楚严谨。没有不是亲手制定的章程，没有不是亲自圈点的文书。他回去任两江总督时，感激皇上恩情高厚，仍然令其坐镇东南，他自己说如稍有怠惰安逸，则内心会负疚很深。他利用工作之余接见各方面的客人，见面后必定要访问周详，殷勤训导勉励。对于幕僚下属贤明与否，事情的原原本本，没有不默默地记在心里的。他患病不起，实在是由平日事无巨细均须亲自过问，用尽了精力、费尽了心思所造成的。亲身入局，首先要自己做得正。

曾国藩说：风正与否，则丝毫皆推本于一己之身与心，一举一动，一语一默，人皆化之，以成风气。故为人上者，专注修养，以下之效之者速而且广也。曾国藩在《格言四幅赠李芋仙》中提到了亲身入局的办法，即身到、心到、眼到、手到、口到。

所谓"身到"是指，比如，身为基层官员，就应该亲自去查验有关人命、盗窃等案情，亲自到乡村去调查；身为军官就应该亲自巡视营垒，亲自到战场冲锋陷阵。所谓"心到"是指，遇到任何事情都要细心分析，对事物的各方面、各个环节，首先要能分解开，最后要能综合得起来。所谓"眼到"是指，留心观察他人，认真研读公文。所谓"手到"是指，对于人们的优劣是非、事情的关键要点，应随时记录，用以防备遗忘。所谓"口到"是指，在差遣人这样的事情、警诫众人这样的言辞方面，不但要有公文告知他人，还要不怕烦劳反复苦口叮咛。关于曾国藩的"口到"，有这样一段记载：

刘铭传率师追捻军于鄂、豫之交，与鲍超军相会，一天，刘见曾国藩，曾问曰："见鲍春霆欤？"曰："然。"曾又曰："穿黄马褂耶？"曰："否。"曾国藩感到很惊讶，问为什么没有穿？又问："叙战功欤?"曰:"主人仰客,大名幸得一见,将谦让之不遑,岂复有可叙之功。客因主人口不言功而不言己功,亦客敬主人之意也。"曾国藩大笑。观此可知驭将之道,虽在小节,但不可不知之。这件事可谓是曾国藩口到的生动表现。

做事能亲身入局,且能行得正,其影响是十分重大的。《论语》中指出:"其身正,不令而行;其身不正,虽令不从。"也就是说,如果自己的行为不端正,那么无论制定什么政策规章,部下也不会遵从的。

曾国藩、林则徐都深切地体会到亲身实践的重要。林则徐在江苏做巡抚时,曾经对他的僚属说:"我恨自己不是牧令出身的,每件事还都得亲自去实践。"曾国藩在两江做总督时,也曾经说:"做官应当从州县做起,才能够立得住脚。"

正是秉持着这种"事必亲躬"的严谨态度,曾国藩每想到一步,便积极地去运作,每做一步,都力求做到最好,而他的人生也因此受益匪浅。

由此可见,人格与尊严是自己干出来的,空想只会通向平庸,而绝不是成功。

然而,现实中不乏空想家,这样的人总是夸夸其谈,说起理想来天花乱坠。他们有着数不完的理想,制定了成百上千个计划与方案,却从不做一件实事。他们习惯于给自己找借口,譬如——精力不足、没有时间,等等;看到别人成功,他们总是会安慰自己——"他的机遇好,而我没这种命"……于是,他们年复一年地勾画着自己的梦想,但直至老去,依然一事无成。这是很可怕的。

不想当将军的士兵不是好士兵!但将军亦不是想当就能当上的,你不仅要敢想,还要肯干!如果你时刻想着"统率三军",却连一个"士兵"该做的事都不做,那又谈何"横刀立马扫天下"呢?谁会相信你有这个能耐?

所以说，若想做成一件事，就要先入局。在实践中充实自己、展现自己的才能，将该做的事情做好，证明自身的价值，如此你才能得到别人的认可。

要知道，那些成功人士都是一点点干起来的。当他们汲汲无名时，就已经为自己立下了大志，并且愿意为自己的理想付出。他们脚踏实地地干，舍生忘死地拼，矢志不移地搏，于是才有了后来的风光无限。

这就是实干家与空想家的区别。而我们若能认识到这一点，那么就立即划清梦想与空想的界限，脚踏实地、一步一个脚印地去实现自己的梦想。

毫无疑问，空想是不会成功的，付出才有回报。在实现理想的过程中，有人坚持始终、有人半途而废，这源于个人执着程度的不同。但不管怎样，只要坚持过并坚持着，就会有不同程度的收获。倘若空有梦想，却从不曾行动，那无异于得过且过。这种懒惰或者说是麻木，带给人生的伤害无可估量。因而，我们必须让自己实干起来，我们可以将梦想视觉化，将其做成图文，贴在床头或是某个抬头可见的地方，让它时刻提醒自己、鞭策自己行动起来，从而去完成每一个需要我们实现的目标。

有学历，不等于有了一切

诚然，在这个社会上，一定的文凭还是需要有的，但文凭代表的只是学历，代表你学过这些知识，能不能学以致用则要看你的本事。事实上，文凭不是最重要的，能力才最为重要。

文凭或许能够成为你步入职场的"敲门砖"，但它绝不是社会进步的推动力，社会需要的是那些德才兼备、有知识更有能力的人。仅凭镀金的文凭不足以将你推向成功，没有货真价实的本领，社会一样会将你淘汰。

　　曾几何时，社会上流行"考证热"。时过境迁，今时今日各企事业单位的领导者已然理智了很多。这是因为，他们先前所招聘的"高文凭者"，有的眼高手低，只挑高管职位，却没有实干能力，给企业造成了很大负担。于是，现在的企事业单位越来越重视能力了。

　　汉斯毕业于哈佛大学，在校时他的成绩出类拔萃，财务、会计等课程门门优秀，投资银行很需要这样的人才，而他也希望能够进入金融领域工作。但先后几次面试，他却一一败下阵来。在学校，他确实是个首屈一指的优等生，但不知为何，偏偏在面试时怯场，哈佛的口才培训课程，看起来在他身上并未起到良好的作用。更恼人的是，甚至连那些成绩一般的学生都可以录用的二流企业，也对其置之不理。最后，他准备的面试公司名单上，就只剩下了一家地方企业。由于连续的挫折，汉斯饱受打击，他消极地想：我的大学时代就是在这个城市近郊度过的，回到这里有什么不好？

　　面试开始以后，汉斯感受到一种前所未有的好气氛——面试官是一位平易近人的年轻人，而且毕业院校与自己的母校有着良好关系，所以二人谈得非常融洽。汉斯心想：这次应该没问题了吧！

　　然而，当面试官问道"你希望加入我们公司，其出发点是什么"时，汉斯懵了。

　　说实话，他原本没想到会来这最后一家候选公司面试，所以准备很不充分，对该公司的情况知之甚少。慌乱之中，他只能把有关投资银行的知识拿出来应付场面，毫无疑问，这又犯了一个致命错误。他的话音刚落，面试官便默默站起身来，打开房门，做出一个

"请"的手势："对不起，我们公司可不是投资银行，以前不是，现在不是，将来也不打算成为投资银行。不过你的发言还真让我吃了一惊。迄今为止，把我们与投资银行搞混的人，你还是第一个。请记住，我们公司是美国屈指可数的几家资产管理公司之一，真不知你是怎么从哈佛毕业的。"走出该公司很长时间，面试官的话依然在汉斯耳边回荡着……

与汉斯拥有相似遭遇的哈佛毕业生不在少数，他们往往也能找到一份属于自己的工作，但绝不是人们想象中那样，依靠着哈佛的毕业证书，而是凭借着他们自身的出色能力。

能力才是生存的最佳保障，是职场上最可靠、最有效的通行证。随着社会的发展、竞争的日趋激烈，那些不思进取，只知"抱着文凭睡懒觉"的无能之辈，迟早会被社会所淘汰。所以，若想在人生之中处于不败之地，从现在开始你必须正视自己，抛除"文凭就是一切"的错误观念，用行动为自己充电，用能力来为自己加分。

你不珍惜时间，时间便不会善待你

如果你不懂得珍惜时间，你无疑染上了最坏的习惯。时间意味着一切，那些在人生路上有所建树的人大都有着良好的时间观念。如果你也想像他们一样，成为一个成功者，那么，请好好珍惜时间，它会给予你无穷的回报。

时间，每时每刻都在运行，悄无声息，悄悄流逝。

时间，无比珍贵，主宰着生命。我们的生命是有限的，因而我们更应该去珍惜时间，它不能储存，不能倒转，一旦浪费，便再也无法弥补。所以，请学会珍惜时间，因为这就是在珍惜生命。请记住，成大事者必须具备的第一种观念就是珍惜自己的时间，一分一秒都要让它有价值

有这样一件逸事：

某日，富兰克林报社销售店，一位顾客问道："小姐，请问这本书售价是多少？"

"哦，1美元。"

"1美元，还打折吗？"

"对不起先生，这是最低售价。"

顾客沉思片刻："请问富兰克林先生在吗？"

"是的他在，正在印刷室工作。"

"那么我想见见他。"在顾客的一再要求下，店员只好将富兰克林请出来。

"请问富兰克林先生，这本书的最低售价是多少？"

"1美元25分。"富兰克林立即答道。

"刚刚店员告诉我是1美元。"顾客有些不满。

"是的，但我宁可给你1美元，也不想中断工作。"

"那么富兰克林先生，这本书到底多少钱？"

"1美元50分。"

"怎么？"

"这是我现在能给出的最低售价。"

顾客无语，到柜台交了钱，默默地走出书店。

……

毋庸置疑，富兰克林用自己的言语和行动给顾客上了一堂人生

课。他想告诉对方：对于立志成功者而言，时间就是金钱。对于时间，我们只能珍惜，不能浪费。

时光匆匆，人生短暂，我们不能在时光消逝以后，再去后悔、再去空叹，而应利用好今天的每一分、每一秒，用有限的时间去创造无限的人生价值。

"你热爱生命吗？那么就不要浪费时间，因为时间是组成生命的材料。"成功或是失败，很大程度上取决于你怎样去分配时间，一个人的成就有多大，要看他怎样去利用自己的每一分钟时间。

小张、小赵同住在乡下，他们的工作就是每天挑水去城里卖，每桶2元，每天可卖30桶。

一天，小张对小赵说道："现在，我们每天可以挑30桶水，还能维持生活，但年老以后呢？不如我们挖一条通向城里的管道，不但以后不用再这样劳累，还能解除后顾之忧。"

小赵不同意小张的建议："如果我们将时间花在挖管道上，那每天就赚不到60块钱了。"二人始终未能达成一致。于是，小赵每天继续挑30桶水，挣他的60元钱，而小张每天只挑20桶，用剩余的时间来实现自己的想法。

几年以后，小赵仍在挑水，但每天只能挑20桶。反观小张，他已经挖通了自来水管道。每天只要拧开阀门，坐在那里，就可以赚到比以前多出几倍的钱。

其实在现实生活中，很多人正和小赵一样。他们在工作中懒懒散散，每天眼巴巴地看着钟表，希望下班时间早点到来，结束这"枯燥"、"乏味"的工作；回到家中，他们依然如故，除了洗衣、做饭、吃饭、睡觉，以及必要的外出，几乎就等待新一天的到来。他们得过且过，眼中只有那"60元钱"，不断在时光交替中空耗生命，却丝毫不知自己正在浪费生命中最珍贵的东西。

放眼中国，现阶段就业空间有限，各行业、各领域人才济济，高学历、高能力者比比皆是。每一个人，包括那些自主创业者，都将面临最残酷的竞争考验。这种形势下，公司不再是你生活品质的保障，更无法保证你的未来，难道我们就坐以待毙吗？换言之，既然是我们的未来，为什么要把它交托给别人？为什么不把时间合理地利用起来，让自己随着时间的推移，变得越来越强大？

倘若你不满意今天的生活，那就应该反思几年前的行为；倘若你希望几年后有所改变，那从今天起就要学会好好利用时间。每天挑 30 桶水能赚 60 元钱，那生病时、年迈时又该如何？倘若能在保证正常生活的情况下，"玩转"时间，打通一条通向未来的管道，岂不是等于购买了一份"养老保险"？

不是没机遇，而是没能力

认真地、勤勉地完成自己的本职工作，不断在工作上有所突破，机遇必然会随之降临。相反，如果你在从事工作时，缺乏基本的责任心和进取态度，那么注定永远是个失败者。请务必记住：业精人乃强！

很多人总是喜欢抱怨上天不公，抱怨自己怀才不遇，未能人尽其才，甚至因此不思进取、自暴自弃，最终沦为时代的淘汰者。俗话说得好，"三百六十行，行行出状元"，为什么一块普通的铁块，在某些铁匠手中能够成为将军手中的利刃，而在另一些铁匠手中，只能成为农夫手中的锄犁？答案很简单，前者精于本业，不断锤炼自己的专业技能；后者不思进取，只求草草谋生。

戴尔·卡耐基曾经说过:"与其抱怨别人不重视我们,不如反省自己,不断提高自己的能力。"倘若我们能够在自己所处的领域中,以饱满的热情、以一丝不苟的态度、以不断进取的精神,去迎接看似枯燥乏味的事业,相信你就一定能够实现自己的人生价值,一定能够获得荣耀与肯定。

多年以前,一位大学生被派往新斯科舍省进行勘测。这片土地非常贫瘠,到处是花岗岩和鹅卵石,进行工作时只能完全依靠徒步行走。这里几乎没有肥沃的土地和珍贵木材,乍看上去,它根本不值得人们如此艰辛地加以勘测,因为似乎没有什么发展前景可言。很显然,这位青年面临着一系列考验,但他始终秉持原则,尽最大的努力去从事这项工作。

即使在 10 年以前,调查所及的 1550 平方英里的范围内,也不过居住了 26 个人而已。此后不久,人们在那里发现了黄金,这个重要矿脉线索使人们认识到,要想成功地找到黄金,需要调查人员做出精确的勘测。后来,专家们在青年人已经取得的成果上继续勘探,他们不断、反复地试验,以确定黄金矿脉的准确位置。在他们非常细心地完成这份工作以后,政府最优秀的勘测员宣布——我们已经没有必要再进行这项工作了,因为那位青年人在这一方面所做出的每一个结论,都达到了最高水平。

你想了解这位年轻大学生细心调查完"新斯科舍"后的人生经历吗?他就是威廉·道森,如今蒙特利尔市麦克吉尔大学的教授。因为精心于自己的工作,他的人生取得了极大成功。

要完成某项工作,需要的是技能;而要努力使它变得完美,则是一门艺术。

美国著名成功学大师詹姆斯·克拉克曾这样说:"下面谈到的,是培养人类想象力的方法。首先,要学会欣赏天空、大地和海洋的美,学会欣赏精神与肉体的美,学会欣赏生活和行为的美,学会欣赏社会和艺术的美，所有这些美都源于上帝。我们也要学会创造美。我们要在生活中的各个方面去追求完美，要坚持不懈地学会更周密地思考，更严谨地表达，更真实地生活，出色地完成一切。"

有一句名言："要想做好，就要做到善始善终。"要完成一项有价值的工作，就得花很长的时间，付出很大的努力。只有对工作用心负责，一个普通工人才能变为专家。不管是对于老板，还是对于普通职员来说，都应该忠于职守，高效地完成本职工作，尽自己的最大努力把它做好。

一个人若是马马虎虎、三心二意地面对人生，那么他就会被人生所抛弃。社会要求我们把事情做得更好。当更有才华的人出现之后，那些懒散、敷衍了事、心不在焉的人，就只能被淘汰。尽力而为，这是世界对于我们的期望，这是社会对于我们的要求，这是我们对自身的忠诚。

乔治·埃里奥特在他的诗歌——《斯特拉迪里瓦的提琴》中，很贴切地表达了上述思想。诗中描述的是一位小提琴制造者，他制造的一些小提琴已有 200 余年历史，价值仍高达 5000 美元或 10000 美元。如果用黄金来衡量，它所值的黄金甚至是自身重量的数倍之多。

无论处于何种境地，无论我们所从事的事业是多么琐碎，一旦承担下来，就要把它做精、做好，这是生存的准则。要知道，只有在小事上细心勤勉的人，才能被委以重任；只有竭尽全力投身于工作之中，不断超越、完善自身能力的人，才能够有所成就，才能够进一步发展和提升自己。

人的力量和才能，只有在不断地运用中才能得到发展。如果你只付出了一半的努力，并就此满足，那么你就浪费了另一半才能。如果你认为自己完全可以从事更重要的工作，而现阶段你的工作又

微不足道，那么你完全不必为此感到伤心和烦躁。你要知道，如果你具备非凡的才能和卓越的品质，不管你的地位多么卑微，终有一天会出人头地。

五、要走路难免跌跟头，你是不是输不起

　　跌倒了，就坐在那里哭，总觉得你是最不幸的人，好像整个世界都与你作对一样。但事实上，世界不会刻意为难你，没有人、也没有必要偏偏与你作对。有些人过得好，是因为他们能在跌倒以后迅速爬起来，有些人过得不好，很大程度上是因为他们输不起！

做大丈夫还是做懦夫

对自己有绝对信心的人，可以克服任何的困难与挫折。他们的眼光，只定位在成功的一方；信心正确地引导着他们，一路披荆斩棘奋勇直前。做人，少什么也不能少了自信，缺什么也不能缺了骨气，是做大丈夫还是做懦夫，完全在于你的选择。

前些年，傅笛生的一首《中国志气》曾经红遍大江南北，它能够如此荡人心弦，不仅仅是因为激昂的旋律，还有那志气昂扬的歌词。这首歌的歌词是这样的：祖先叫我要无愧那后人，爹娘叫我要对得起先人，我自个儿叫我要站着做人，鲤鱼那个跳龙门，跳过去我就是那龙的传人。中华好儿孙，落地就生根，脚踏三山和五岳，手托日月和星辰，生带一腔血，去带清白身，活着给祖先争口气，誓不留悔恨，有啥也别有病，没啥也别没精神，人有精神老变少，地有精神土生金，宁肯咱少长肉瘦也得先长筋，男儿膝下有黄金，只跪苍天和娘亲。有啥也别有病，没啥也别没精神，人有精神老变少，地有精神土生金，宁肯咱少长肉瘦也得先长筋，堂堂七尺男儿身，顶天立地掌乾坤！

毫无疑问，这就是对"好男儿"最好的诠释。当然，如今的社会男女平等，无论是男是女，我们都在追求着梦想、追求着成功，从这个意义上说，这首歌应该是对所有中华儿女的一种激励。也就是说，你的性别并不重要，但只要你有精气神在，你顶天立地做人的追求不变，那么你就是"大丈夫"或是"女豪杰"。相反，倘若你对自己的人生失去了信念，自暴自弃，甚至任人鱼肉，那么别人就只会视你为懦夫。

懦夫惧怕一切，怕压力、怕竞争，在对手或困难面前，他们往往不能坚持，而选择回避或屈服。懦夫也有自尊，但他们常常更愿意用屈辱来换回安宁。

当初，宋太祖赵匡胤肆无忌惮、得寸进尺地威胁欺压南唐。镇海节度使林仁肇有勇有谋，听闻宋太祖在荆南制造了几千艘战舰，便向李后主奏禀，宋太祖是在图谋江南。南唐忠君人士获知此事后，也纷纷向他奏请，要求前往荆南秘密焚毁战舰，破坏宋朝南犯的计划。可李后主却胆小怕事，不敢准奏，以致失去防御宋朝南侵的良机。

后来，南唐国灭，李后主沦为阶下囚，据说其妻小周后常常被召进宋宫，侍奉宋皇，一去就得好多天才能放出来，至于她进宫到底做些什么，作为丈夫的李后主一直不敢过问。只是小周后每次从宫里回来就把屋门关得紧紧的，一个人躲在屋里悲悲切切地抽泣。对于这一切，李煜忍气吞声，把哀愁、痛苦、耻辱往肚里咽。实在憋不住时，就写些诗词，聊以抒怀。

李煜虽然在诗词上极有造诣，然而作为一个国君、一个丈夫，他是一个懦夫，是一个失败者。

对于胆怯而又犹疑不决的人来说，获得辉煌的成就是不太可能的。正如采珠的人如果被鳄鱼吓住，是不能得到名贵的珍珠的。事实上，总是担惊受怕的人不是一个自由的人，他总是会被各种各样的恐惧、忧虑包围着，看不到前面的路，更看不到前方的风景。正如法国著名的文学家蒙田所说："谁害怕受苦，谁就已经因为害怕而在受苦了。"懦夫怕死，但其实，他早已经不再活着了。

做人，就要做得有声有色，堂堂正正，顶天立地，无论你内心感受如何，都要摆出一副赢家的姿态。就算你落后了，保持自信的神色，仿佛成竹在胸，也会让你心理上占尽优势，而终有所成。

两个国家因边境问题发生冲突。强国首相接见了来访的小国大使。小国大使的话充满了威胁："让步吧！我们兵强马壮，惹我们的人没好下场。"强国首相哈哈大笑："我们要比你们强大 100 倍。"

小国大使仍不示弱，继续恐吓对方："我国有 25000 人的精良部队，能够占领贵国。"

强国首相大笑："我们拥有的军队，人数多过你们 100 倍。"

谈判至此，小国大使显露慌张神色，表示必须先向国内请示之后，方能再继续谈下去。

当双方再度展开谈判时，小国大使的态度有了 180 度的转变，趋向妥协，转为向大国求和。

强国首相诧异于对方的改变，以为小国受到己方国力强盛的震慑，故而细问小国大使求和的原因。

小国大使神色自若地回答："不是我们惧怕你们的兵力，而是我们的国土太小，实在容纳不下 250 万名的战俘。"这个故事看起来有点可笑，但从小国大使的身上你却能够看到一种姿态，一种必胜的姿态。

有自信的人，从未想过失败。即使是像这个小国，实力如此薄弱，却依然考虑的是战胜后，狭窄的国土是否容纳得下为数众多的战俘。谁说弱者必败？

世上没有任何绝对的事情，懦夫并不注定永远懦弱，只要他鼓起勇气，大胆向困难和逆境宣战，并付诸行动，依然可以成为勇士。正像鲁迅所说："愿中国青年都摆脱冷气，只是向上走，不必听自暴自弃者说的话。能做事的做事，能发声的发声，有一分热，发一分光，就像萤火一般，也可以在黑暗里发一点光，不必等待炬火。"

一时失意不代表一生失意

我们都活在自己的希望当中，倘若真的有人无望地活着，那么只能说是一具行尸走肉。在现实生活中，很多人心理非常脆弱，一旦遭遇挫折或失败，就会感到无助与绝望，更有甚者甚至会丧失活下去的勇气。其实，只要我们能够在逆境中坚守希望，多半是会柳暗花明的。

世事本无常，我们随时都会遇到困厄和挫折。遇到生命中突如其来的困难时，你都是怎么看待的呢？不要把自己禁锢在眼前的困苦中，眼光放远一点，当你看得见成功的未来远景时，便能走出困境，达到你梦想的目标。

我们的人生需要选择，我们的生命需要蜕变，每每苦难来袭，面临选择和放弃，我们都要有足够的勇气，改变自己，只有这样才能获得新生，才能铸就另一个辉煌！

主宰自己，做自己的主人。沮丧的面容、苦闷的表情、恐惧的思想和焦虑的态度是你缺乏自制力的表现，是你弱点的表现，是你不能控制环境的表现。它们是你的敌人，坚决拒绝它们！

有一个富翁，在一次大生意中赔光了所有的钱，并且还欠下了债，他卖掉房子、汽车，还清了债务。

此刻，他已孤独一人，无儿无女，穷困潦倒，唯有一只心爱的猎狗和一本书与他相依为命，相依相随。在一个大雪纷飞的夜晚，他来到一座荒僻的村庄，找到一个避风的茅棚。他看到里面有一盏油灯，于是用身上仅存的一根火柴点燃了油灯，拿出书来准备读书。但是一阵风忽然把灯吹灭了，四周立刻漆黑一片。这位孤独的老人陷入了黑暗之中，对人生感到痛彻地绝望，他甚至想到了结束自己的生命。但是，立在身边的猎狗给了他一丝慰藉，他无奈地叹了一口气沉沉睡去。

第二天醒来，他忽然发现心爱的猎狗已被人杀死在门外。抚摸着这只相依为命的猎狗，他突然决定要结束自己的生命，世间再没有什么值得留恋的了。于是，他最后扫视了一眼周围的一切。这时，他发现整个村庄都沉寂在一片可怕的寂静之中，他不由得急步向前。啊！太可怕了！尸体！到处是尸体！一片狼藉。显然，这个村庄昨夜遭到了匪徒的洗劫，连一个活口也没留下来。

看到这可怕的场面，他不由得心念急转——啊！我是这里唯一幸存的人，我一定要坚强地活下去。此时，一轮红日冉冉升起，照得四周一片光亮，他欣慰地想，我是这个世界上唯一的幸存者，我没有理由不珍惜自己。虽然我失去了心爱的猎狗，但是，我得到了生命，这才是人生最宝贵的。

老人怀着坚定的信念，迎着灿烂的太阳又出发了。

人生总有得意和失意的时候，一时的得意并不代表永久的得意；在一时失意的情况下，如果你不能把心态调整过来，就很难再有得意之时。

故事中的老人，在失意甚至绝望的状态下，重新寻回了希望，赶走了悲伤。这不能不说是他人生中的又一大转折。

联想到我们日常的生活和学习，遇到失意或悲伤的事情时，我们一样要学会调整自己的心态。如果你的演讲、你的考试和你的愿望没有获得成功，如果你曾经因为鲁莽而犯过错误，如果你曾经尴尬，如果你曾经失足，如果你被训斥和谩骂……那么请不要耿耿于怀。对这些事念念不忘，不但于事无补，还会占据你的快乐时光。抛弃它吧！把它们彻底赶出你的心灵。如果你的声誉遭到了毁坏，不要以为你永远得不到清白，怀着坚定的信念勇敢地走向前吧！

让担忧和焦虑、沉重和自私远离你；更要避免与愚蠢、虚假、错误、虚荣和肤浅为伍；还要勇敢地抵制使你失败的恶习和使你堕落的念头，你会惊奇地发现，你人生之旅是多么地轻松、自由！

走出阴影，沐浴在明媚的阳光中。不管过去的一切多么痛苦，多么顽固，把它们抛到九霄云外。不要让担忧、恐惧、焦虑和遗憾消耗你的精力。把你的精力投入到未来的创造中去吧！

请记住，心若在，梦就在！

记住，你不是最不幸的那个人

学着与痛苦共舞，我们才能看清造成痛苦来源的本质，明白内在真相。更重要的是，它能让我们学到该学的功课。

没有人生来就注定是个失败者，在人生这个竞技场上，能否超越自我，脱颖而出，关键要看你对生活抱有一种什么样的态度，关键要看你怎样去经营自己的人生。那些只知怨天尤人、不思进取的人，注定是要被淘汰的。

事实上，这世界上根本就没有过不去的坎，一时的失意绝不意味着失意一生。你要知道，在这个世界上，很多人远比你还要不幸！

有个穷困潦倒的销售员，每天都在抱怨自己"怀才不遇"，抱怨命运捉弄自己。

圣诞节前夕，家家户户热闹非凡，到处充满了节日的气氛。唯独他冷冷清清，独自一人坐在公园的长椅上回顾往事。去年的今天，他也是一个人，是靠酒精度过了圣诞节，没有新衣、没有新鞋，更别提新车、新房子了，他觉得自己就是这世界上最孤独、最倒霉的那一个人，他甚至为此产生过轻生的念头！

"唉！看来，今年我又要穿着这双旧鞋子过圣诞节了！"说着，他准备脱掉旧鞋子。这时，"倒霉"的销售员突然看到一个年轻人摇着轮椅从自己面前经过。他顿时醒悟："我有鞋子穿是多么幸福！他连穿鞋子的机会都没有啊！"从此以后，推销员无论做什么都不再抱怨，他珍惜机会，发愤图强，力争上游。数年以后，推销员终于改变了自己的生活，他成了一名百万富翁。

很多人天生就有残缺，但他们从未对生活丧失信心，从不怨天尤人，他们自强自立、不屈不挠，最终战胜了命运。可有些人，生来五官端正，手脚齐全，但仍在抱怨生活、抱怨人生，相比之下，难道我们不感到羞愧吗？丢开抱怨，用行动去争取幸福，你要明白：纵然是一双旧鞋子，但穿在脚上仍是温暖、舒适的，因为这世界上还有人连穿鞋的机会都没有！

当然，在麻烦、苦难出现时，人总会感觉内心不安或是意志动摇，这是很正常的。面临这种情况时，就必须不断地自励自勉，鼓起勇气，信心百倍地去面对，这才是最正确的选择。

有一名叫作鲁奥吉的青年，他在 20 岁那年骑摩托车出事，腰部以下全部瘫痪。鲁奥吉在事后回忆说："瘫痪使我重生，过去我所能做的事都必须从头学习，就像穿衣、吃饭，这些都是锻炼，需要专注、意志力和耐心。"

鲁奥吉以积极面对人生的态度声称，以前自己不过是个浑浑噩噩的加油站工人，整天无所事事，对人生没什么目标。车祸以后，他经历的乐趣反而更多，他去念了大学，并拿到语言学学位，他还替人做税务顾问，同时也是射箭与钓鱼的高手。他强调，如今，"学习"与"工作"是他所选择的最快乐的两件事。

的确，生命中收获最多的阶段，往往就是最难挨、最痛苦的时候，因为它迫使你重新检视反省，替你打开了内心世界，带来更清晰、更明确的方向。

要想生命尽在掌控之中是件非常困难的事，但日积月累之后，经验能帮助你汇集出一股力量，让你越来越能在人生竞技场上进出自如。很多灾难在时过境迁之后再回头看它，会发现它并没有当初看到的那么糟糕，这就是生命的成熟与锻炼。

你应该感谢苦难

心情的颜色影响着世界的颜色。困恼的根源，实际上并不是遭受了多大的不幸，而是人的内心素质存在某种缺陷，对生活的认识存有偏差。

其实，我们应该感谢苦难，因为苦难让我们懂得了真正的生活。无论这苦难来自于生活抑或是情感，请从感谢苦难开始，反省自己、恢复自信。相信，你所经历的苦难，必然会成为你日后人生路上永远感谢的对象，因为没有这些苦难，你不会解悟，不会有今天的体会。

某人前往朋友家做客，方知朋友3岁的儿子罹患先天性心脏病，最近动过一次手术，胸前留下一道深长的伤口。

朋友告诉他，孩子有天换衣服，从镜中看见疤痕，竟骇然而哭。

"我身上的伤口这么长！我永远不会好了。"她转述孩子的话。

孩子的敏感、早熟令他惊讶；朋友的反应则更让他动容。

朋友心酸之余，解开自己的衣服，露出当年剖腹产留下的刀口给孩子看。

"你看，妈妈身上也有一道这么长的伤口。"

"因为以前你还在妈妈的肚子里的时候生病了，没有力气出来，幸好医生把妈妈的肚子切开，把你救了出来，不然你就会死在妈妈的肚子里面。妈妈一辈子都感谢这道伤口呢！"

"同样地，你也要谢谢自己的伤口，不然你的小心脏也会死掉，那样就见不到妈妈了。"

感谢伤口！——这四个字如钟鼓声直撞心头，他不由得低下头，检视自己的伤口。

它不在身上，而在心中。

那时节，他工作屡遭挫折，加上在外独居，生活寂寞无依，更加重了情绪的沮丧、消沉，但生性自傲的他不愿示弱，便试图用光鲜的外表、强悍的言语加以抵御。

隐忍内伤的结果，终至溃烂、化脓，直至发觉自己已经开始依赖酒精来逃避现状，为了不致一败涂地，才决定举刀割除这颓败的生活，辞职搬回父母家。

如今伤势虽未再恶化，但这次失败的经历却像一道丑陋的疤痕，刻画在胸口。认输、逃避的感觉日复一日强烈，自责最后演变为自卑，使他彻底怀疑自己的能力。

好长一段时日，他蛰居家中，对未来裹足不前，迟迟不敢起步出发。

朋友让他懂得从另一角度来看待这道伤口：庆幸自己还有勇气承认失败，重新来过，并且把它当成教训时时警戒自己，匡正以往浮夸、矫饰作风的记号。

他要感谢朋友，更要感谢伤口！

心理学家曾经提出过"最优经验"的解释，意思是指，当一个人自觉能把体能与智力发挥到最极限的时候，就是"最优经验"出现的时候，而通常"最优经验"都不是在顺境之中发生的，反而是在千钧一发的危机与最艰难的时候涌现。据说，许多在集中营里大

难不死的囚犯，就是因为困境激励他们采取最优的应对策略，最终能躲过劫难。

山中鹿之助是日本战国时期有名的豪杰，据说他时常向神明祈祷："请赐给我七难八苦。"很多人对此举都是很不理解，就去请教他。鹿之助回答说："一个人的心志和力量，必须在经历过许多挫折后才会显现出来。所以我希望能借各种困难险厄，来锻炼自己。"而且他还作了一首短歌，大意如下："令人忧烦的事情，总是堆积如山，我愿尽可能地去接受考验。"

人们对神明祈祷的内容都有所不同，一般而言，不外乎是利益方面。有些人祈祷更幸福，有人祈祷身体健康，甚或赚大钱，却没有人会祈求神明赐予更多的困难和劳苦。因此当时的人对于鹿之助这种祈求七难八苦的行为，不给予理解，是很自然的现象，但鹿之助依然这样祈祷。他的用意是想通过种种困难来磨炼自己，其中也有借七难八苦来勉励自己的用意。

鹿之助的主君尼子氏，遭到毛利氏的灭亡，因此他立志消灭毛利氏，替主君报仇。但当时毛利氏的势力正如日中天，尼子氏的遗臣中胆敢和毛利氏对敌的，可说少之又少，许多人一想到这是毫无希望的战斗，就心灰意冷。可是，鹿之助还是不时勉励自己，鼓舞自己的勇气。或许就是因为这个缘故，他才会祈祷神明赐予七难八苦。

其实，生活的现实对于我们每个人本来都是一样的。但一经各人不同"心态"的诠释后，便代表了不同的意义，因而形成了不同的事实、环境和世界。心态改变，则事实就会改变；心中是什么，则世界就是什么。心里装着哀愁，眼睛里看到的就全是黑暗，抛弃已经发生的令人不痛快的事情或经历，才会迎来新心情下的乐趣。

有一天，詹姆斯忘记关上餐厅的后门，结果早上3个武装歹徒闯入抢劫，他们要挟詹姆斯打开保险箱。由于过度紧张，詹姆斯弄错了一个号码，造成抢匪的惊慌，开枪射击詹姆斯。幸运的是，詹姆斯很快被邻居发现了，紧急送到医院抢救，经过18小时的外科手术以及长时间的悉心照顾，詹姆斯终于出院了，但还有块子弹留在他身上……

事件发生6个月之后，詹姆斯向朋友讲起了他的心路历程。詹姆斯说道："当他们击中我之后，我躺在地板上，还记得我有两个选择：我可以选择生，或选择死。我选择活下去。"

"你不害怕吗？"朋友问他。詹姆斯继续说，"医护人员真了不起，他们一直告诉我没事，放心。但是在他们将我推入紧急手术间的路上，我看到医生与护士脸上忧虑的神情，我真的被吓到了，他们的脸上好像写着——他已经是个死人了！我知道我需要采取行动。"

"当时你做了什么？"朋友继续问。

詹姆斯说："当时有个护士用吼叫的音量问我一个问题，她问我是否会对什么东西过敏。我回答：'有。'这时，医生跟护士都停下来等待我的回答。我深深地吸了一口气喊着：'子弹！'等他们笑完之后，我告诉他们：'我现在选择活下去，请把我当作一个活生生的人来开刀，不是一个活死人。'"

詹姆斯能活下来当然要归功于医生的精湛医术，但同时也得益于他令人惊异的人生态度。我们从他身上学到，每天你都能选择享受你的生命，或是憎恨它。这是唯一一件真正属于你的权利。没有人能够控制或夺去的东西，如果你能时时记住这件事实，你生命中的其他事情都会变得容易许多。

心情的颜色会影响世界的颜色。如果一个人对生活抱持一种达

五、要走路难免跌跟头，你是不是输不起

123

观的态度，就不会稍有不如意便自怨自艾，只看到生活中不完美的一面。在我们的身边，大部分终日苦恼的人，实际上并不是遭受了多大的不幸，而是自己的内心素质存在着某种缺陷，对生活的认识存在偏差。

事实上，生活中有很多坚强的人，即使遭受挫折，承受着来自于生活的各种各样的折磨，他们在精神上也会岿然不动。充满着欢乐与战斗精神的人们，永远不会为困难所打倒，在他们的心中始终承载着欢乐，不管是雷霆与阳光，他们都会给予同样的欢迎和珍视。

不是失去就要悲伤

其实，人在大得意中常会遭遇小失意。后者与前者比起来，可能微不足道，但是人们却往往会怨叹那小小的失，而不去想想既有的得。

在人生道路上，在花花世界里，你是否看清：不是一切失去都意味着缺憾，不是一切得到都意味着圆满。

不要为失去的追悔伤心，也许失去意味着更好的得到，只要你选择的是纯洁而又美好的理想；不要为得到的而沾沾自喜，也许得到代表着你失去了更多，如果你选择的是虚荣而又自私的目标。

当我们在得与失之间徘徊的时候，只要还有选择的权利，那么，我们就应当以自己的心灵是否能得到安宁为原则。只要我们能在得失之间做出明智的选择，那么，我们的人生就不会被世俗所淹没。

山姆是一个画家，而且是一个很不错的画家。他画快乐的世界，因为他自己就是一个快乐的人。不过没人买他的画，因此他偶尔难免会有些伤感，但只是一会儿的时间。

"玩玩足球彩票吧！"朋友劝他，"只花2美元就有可能赢很多钱。"

于是山姆花2美元买了一张彩票，并且真的中了彩！他赚了500万美元。

"你瞧！"朋友对他说，"你多走运啊！现在你还经常画画吗？"

"我现在只画支票上的数字！"山姆笑道。

于是，山姆买了一幢别墅并对它进行了一番装饰。他很有品位，买了很多东西，其中包括：阿富汗地毯、维也纳橱柜、佛罗伦萨小桌、迈森瓷器，还有古老的威尼斯吊灯。

山姆满足地坐下来，点燃一支香烟，静静地享受着自己的幸福。突然，他感到自己很孤单，他想去看看朋友，于是便把烟蒂一扔，匆匆走出门去。

烟头静静地躺在地上，躺在华丽的阿富汗地毯上……一个小时后，别墅变成一片火海，它完全被烧毁了。

朋友们在得知这一消息以后，都赶来安慰山姆："山姆，你真是不幸！"

"我有何不幸呢？"山姆问道。

"损失啊！山姆，你现在什么都没有了。"朋友们说。

"什么呀？我只不过损失了2美元而已。"山姆答道。

人生漫长，每个人都会面临无数次选择。这些选择，可能会使我们的生活充满烦恼，使我们不断失去本不想失去的东西。但同样是这些选择，却又让我们在不断地获得。我们失去的，也许永远无

法弥补，但我们得到的却是别人无法体会到的、独特的人生。面对得与失、顺与逆、成与败、荣与辱，我们要坦然待之，不必斤斤计较，耿耿于怀。否则，只会让自己活得很累。

须知，得到固然令人欣喜，失去却也没有什么值得悲伤的。得到的时候，渴望就不再是渴望了，于是得到了满足，却失去了期盼；失去的时候，拥有就不再是拥有了，于是失去了所有，却得到了怀念。连上帝都会在关了一扇门的同时又打开一扇窗，得与失本身就是无法分离：得中有失，失中又有得。

有一天楚王出游，遗失了他的弓，下面的人要去找，楚王说："不必了，我掉的弓，我的人民会捡到，反正都是楚国人得到，又何必去找呢？"孔子听到这件事，感慨地说："可惜楚王的心还是不够大啊！为什么不讲人掉了弓，自然有人捡得，又何必计较是不是楚国人呢？"

"人遗弓，人得之"应该是对得失最豁达的看法了。就常情而言，人们在得到一些利益的时候，大都喜不自胜，得意之色溢于言表；而在失去一些利益的时候，自然会沮丧懊恼，心中愤愤不平，失意之色流露于外。但是对于那些志趣高雅的人来说，他们在生活中能"不以物喜，不以己悲"，并不把个人的得失记在心上。他们面对得失心平气和、冷静以待，超越了物质，超越了世俗，千百年来，令多少人"高山仰止，心向往之"。

其实，得与舍的关系是很微妙的，一个人一生中可能只能得到有限的几样东西，甚至一点东西。而这些东西可能要用一生的时间来换取，所以在这个意义上人生是个悲剧。这个世界上有那么多东西，又有那么多美好的东西，可是那一切好像与你无关，它对于你只是作为一种诱惑出现，你只能眼睁睁看着别人将它拿走。如果一点都放不开，什么都舍不得，什么都想得到，就会活得很累。可是你本来就一无所有，甚至这世界上本来就无你，从这点看，你已经获得了几样东西，最起码获得了生命和来世界走一遭的体验。上帝对你还是不错的，起码在这个美好纷繁的世界上旅游了这些许年，所以你看，你是不是又得到了许多？

已经错过，别再难过

在人这一生中，必然要经历无数次的错过。当我们失去了满以为可以得到的美好，总是会更加感叹人生路的难走。其实大可不必如此，不管人生错过了什么，我们都应致力于让自己的生命充满亮丽与光彩。

生活中有一种痛苦叫错过。人生中一些极美、极珍贵的东西，常常与我们失之交臂，这时的我们总会因为错过美好而感到遗憾和痛苦。其实喜欢一样东西未必非要得到它，俗话说："得不到的东西永远是最好的。"

当你为一份美好而心醉时，远远地欣赏它或许是最明智的选择，错过它或许还会给你带来意想不到的收获。

我们匆匆行走于这个世界时，是否可以将一路的美景尽收眼底？是否可以将世间珍品都收归己有？不，不可能，甚至大多数的时候我们常常错过它们。于是，人生便有了"遗憾"这一词组。仔细想想，遗憾能给你留下什么？除了一种难以诉说的隐痛，似乎没有任

何好处。所以，不要让自己总是怀有这种隐痛，"万事随缘"，既然你与之无缘，那就随它自去吧！

一个小孩在一处平静之地玩耍，这时来了一位禅师，他给了小孩一块糖，于是，小孩非常高兴。过了一会儿，禅师看见小孩哭得很伤心，就问他为什么要哭，那小孩说："我把糖丢了。"禅师想："这小孩没糖时很平静，平白无故得到糖时很高兴，等到糖丢了时，便极度地伤心。那失去糖后，应与没得到糖时一样呀，又有什么可伤心的呢！"

是啊！为什么要伤心呢？

岁月会把拥有变为失去，也会把失去变为拥有。你当年所拥有的，可能今天正在失去；当年未得到的，可能远不如今天你正拥有的。有时候错过正是今后拥有的起点，而有时拥有恰恰是今后失去的理由。

美国的哈佛大学要在中国招一名学生，这名学生的所有费用由美国政府全额提供。初试结束了，有30名学生成为候选人。

考试结束后的第十天，是面试的日子。30名学生及其家长云集锦江饭店等待面试。当主考官劳伦斯·金出现在饭店的大厅时，一下子被大家围了起来，他们用流利的英语向他问候，有的甚至还迫不及待地向他做自我介绍。这时，只有一名学生，由于起身晚了一步，没来得及围上去，等他想接近主考官时，主考官的周围已经是水泄不通了，根本没有插空而入的可能。

于是他错过了接近主考官的大好机会，他觉得自己也许已经错过了机会，于是有些懊丧起来。正在这时，他看见一个外国女人有些落寞地站在大厅一角，目光茫然地望着窗外。他想：身在异国的她是不是遇到了什么麻烦，不知自己能不能帮上忙。于是他走过去，彬彬有礼地和她打招呼，然后向她做了自我介绍，最后他问道："夫人，您有什么需要我帮助的吗？"接下来两个人聊得非常投机。

后来这名学生被劳伦斯·金选中了，在30名候选人中，他的成绩并不是最好的，而且面试之前他错过了跟主考官套近乎、加深自己在主考官心目中印象的最佳机会，但是他却无心插柳柳成荫。原来，那位异国女士正是劳伦斯·金的夫人，这件事曾经引起很多人的震动：原来错过了美丽，收获的并不一定是遗憾，有时甚至可能是圆满。

人生要留一份从容给自己，这样就可以对不顺心的事处之泰然；对名利得失顺其自然。要知道世上所有的机遇并不都是为你而设的，人生总是有得有失，有成有败，生命之舟本来就是在得失之间浮沉！美丽的机会人人珍惜，然而却并非我们都能抓住，错过了的美丽不一定就值得遗憾。

有些美丽是不该错过的，而有些美丽则需要你去错过。

从前，一位旅行者听说有一个地方景色绝佳，于是他决定不惜一切代价也要找到那个地方，一饱秀色。可是经历了数年的跋山涉水、千辛万苦后，他已相当疲惫，但目的地依然遥遥无期。这时，有位老者给他指了一条岔路，告诉他美丽的地方很多很多，没必要沿着一条路走到底。他按老者的话去做了，不久他就看到了许多异常美丽的景色，他赞不绝口，流连忘返，庆幸自己没有一味地去找寻梦中那个美丽的地方。

生活就是如此，跋涉于生命之旅，我们的视野有限，如果不肯错过眼前的一些景色，那么可能错过的就是前方更迷人的景色，只有那些善于舍弃的人，才会欣赏到真正的美景。

129

有些错过会诞生美丽，只要你的眼睛和心灵始终在寻找，幸福和快乐很快就会来到。只是有的时候，错过需要勇气，也需要智慧。

喜欢一样东西不一定非要得到它。有时候，有些人为了得到他喜欢的东西，殚精竭虑，费尽心机，更有甚者可能会不择手段，以致走向极端。也许他在拼命追逐之后得到了自己喜欢的东西，但是在追逐的过程中，他失去的东西也无法计算，他付出的代价应该是很沉重的，是其得到的东西所无法弥补的。

为了强求一样东西而令自己的身心疲惫不堪，这很不划算。况且有些东西一旦你得到以后，日子一久或许就会发现它并不如原本想象中的好。如果你再发现你失去的比得到的东西更珍贵的时候，你一定会懊恼不已。俗话说："得不到的东西永远是最好的。"所以当你喜欢一样东西时，得到它也许并不是最明智的选择，而错过它却会让你有意想不到的收获。总之，人生需要一点随意和随缘，不为失去了的遗憾，也不为希求着的执着。

许多的心情，可能只有经历过之后才会懂得。如感情，痛过了之后才会懂得如何保护自己，傻过了之后才会懂得适时地坚持与放弃。在得到与失去的过程中，我们慢慢认识自己，其实生活并不需要这么些无谓的执着，没有什么真的不能割舍的，学会放弃，生活会更容易！

因此，在你感觉到人生处于最困顿的时刻，也不要为错过而惋惜。失去的折磨会带给你意想不到的收获。花朵虽美，但毕竟有凋谢的一天，请不要再对花长叹了。因为可能在接下来的时间里，你将收获雨滴的温馨和戏雨的浪漫。

所以，不要再为错过掉眼泪，笑着面对明天的生活，努力活出自己的精彩，前途也会是一片光明。

抬起头活着

当我们处于厄运的时候，当我们面对失败的时候，当我们面对重大灾难的时候，只要我们仍能在自己的生命之杯中盛满希望之水，那么，无论遭遇什么样坎坷不幸之事，我们都能永葆快乐心情，我们的生命才不会枯萎。

有道是，不经历风雨，怎能见彩虹！大风大浪中才能显示人的能力；大起大落时才能磨炼人的意志；大悲大喜才能提升人的境界；大羞大耻才能洗涤人的灵魂。人活在世界上，不可能一帆风顺，每个成功的故事里都写满了辛酸失败。敢于正视失败，能以正确的态度面对失败，不退缩，不消沉，不困惑，不脆弱，才能有成功的希望。

美国《生活》周刊曾评出过去 10000 年中 100 位最有影响力的人物，其中，托马斯·阿尔沃·爱迪生名列第一。

爱迪生出身低微，他的"学历"是一生只上过 3 个月的小学，老师因为总被他古怪的问题问得张口结舌，竟然当着他母亲的面说他是个傻瓜，将来不会有什么出息。母亲一气之下让他退学，由她亲自教育。此后，爱迪生的天资得以充分地展露。在母亲的指导下，他阅读了大量的书籍，并在家中自己建了一个小实验室。为筹措实验室的必要开支，他只得外出打工，当报童卖报纸。最后用积攒的

钱在火车的行李车厢建了个小实验室，继续做化学实验研究。有一天，化学药品起火，几乎把这个车厢烧掉。暴怒的列车长把爱迪生的实验设备都扔下车去，还打了他几记耳光，爱迪生因此终身耳聋。

爱迪生虽未受过良好的学校教育，但凭个人奋斗和非凡才智获得巨大成功。他以坚韧不拔的毅力、罕有的热情和精力从千万次的失败中站了起来，克服了数不清的困难，成为发明家和企业家。

仅从 1869 年到 1901 年，他就取得了 1328 项发明专利。在他的一生中，平均每 15 天就有一项新发明，他因此而被誉为"发明大王"。

1914 年 12 月的一个夜晚，一场大火烧毁了爱迪生的研制工厂，他因此而损失了价值近百万美元的财产。爱迪生安慰伤心至极的妻子说："不要紧，别看我已 67 岁了，可我并不老。从明天早晨起，一切都将重新开始，我相信没有一个人会老得不能重新开始工作的。灾祸也能给人带来价值，我们所有的错误都被烧掉了，现在我们又可以一切重新开始。"第二天，爱迪生不但开始动工建造新车间，而且又开始发明一种新的灯——一种帮助消防队员在黑暗中前进的便携式探照灯。火灾对爱迪生而言只是一段小小的插曲而已。

磨难并非对一个人的摧残，而是一种锤炼。正如孟子所说："天将降大任于斯人也，必先苦其心志，劳其筋骨，饿其体肤。"每一个人都会经历不同的痛苦和磨难，当它们光顾的时候，只有勇敢地面对，征服它们，才能让自己不再低头，抬头挺胸，也才能彻底改变自己的命运。

内心充满希望，它可以为你增添一份勇气和力量，它可以支撑起你一身的傲骨。当莱特兄弟研制飞机的时候，许多人都讥笑他们是异想天开，当时甚至有句俗语说："上帝如果有意让人飞，早就使他们长出翅膀。"但是莱特兄弟毫不理会外界的说法，终于发明了飞机。当伽利略用望远镜观察天体，发现地球绕太阳环行时，教皇曾将他下狱，命令他改变主张，但是伽利略依然继续研究，并著书阐明自己的学说，终于在后来获得了证实。最伟大的成就，常属于那些在大家都认为不可能的情况下却能坚持到底的人。坚持就是胜利，这是成功的一条秘诀。

人生总有重重磨难，它已然成为生活中一个不可缺少的部分，这些经历过的痛苦和磨难，是你的一笔财富、一种收获。也只有在你痛苦和难过的时候，你才会发现一些不起眼的东西、平常的东西，此时是多么的可贵和难得。更为可贵的是，在你经历了磨难的时候，你会发现只要战胜了自己向这些磨难妥协的念头，顺利之门就会打开。

爬起来！你还有赢的希望

想要人生精彩，就不要轻易下结论否定自己，不要怯于接受挑战。只要开始行动，就不会太晚；只要去做，就总有成功的可能。世上能打败你的只有你自己，成功之门一直虚掩着，除非你认为自己不能成功，它才会关闭，而只要你自己觉得可能，那么一切就皆有可能。

"英雄可以被毁灭，但是不能被击败。"跌倒了，爬起来，你就不会失败，坚持下去，你才会成功。不要因为命运的怪诞而俯首听

命于它，任凭它的摆布。等你年老的时候，回首往事，就会发觉，命运只有一半在上帝的手里，而另一半则由你掌握，你一生的全部就在于：运用你手里所拥有的去获取上帝所掌握的。你的努力越超常，你手里掌握的那一半就越庞大，你获得的就越丰硕。

如果一个人把眼光拘泥于挫折的痛感之上，他就很难再有心思想自己下一步如何努力，最后如何成功。一个拳击运动员说："当你的左眼被打伤时，右眼就得睁得更大，这样才能够看清对手，也才能够有机会还手。如果右眼同时闭上，那么不但右眼也要挨拳，恐怕命都难保！"拳击就是这样，即使面对对手无比强劲的攻击，你还是得睁大眼睛面对受伤的感觉，如果不是这样的话一定会败得更惨。其实人生又何尝不是如此呢？

"幸运者"与"不幸者"的区别在于：幸运者总是充满自信，洋溢活力，而不幸者即使腰缠万贯，富甲一方，内心却往往灰暗而脆弱。

这就是所谓的自卑，是一种消极的自我评价或自我意识，即个体认为自己在某些方面不如他人而产生的消极情感，是一种危机心态。自卑是束缚创造力的一条绳索，人生要想活得精彩，首先要做的一项工作就是拒绝与自卑纠缠。

在这个世界上，最不值得同情的人就是被失败打垮的人，一个否定自己的人又有什么资格要求别人去肯定？自卑者是这个世界上最可怜的人，因为他们的内心一直被自轻自贱的毒蛇噬咬，不仅丢失了心灵的新鲜血液，而且丧失了拼搏的勇气。更可悲的是，他们的心中已经被注入了厌世和绝望的毒液，乃至原本健康的心灵逐渐枯萎……

松下电器公司曾招聘一批基层管理人员，采取笔试与面试相结合的方法。计划招聘15人，报考的却有几百人。经过一周的考试和面试之后，通过电子计算机计分，选出了15位佼佼者。当松下幸之助将录取者一个个过目时，发现有一位成绩特别出色、面试时给他留下深刻印象的年轻人未在15位之列。这位青年叫神田三郎。于是，松下幸之助当即叫人复查考试情况。结果发现，神田三郎的综合成绩名列第一，只因电子计算机出了故障，把分数和名次排错了，导致神田三郎落选。松下幸之助立即吩咐手下纠正错误，给神田三郎发放了录用通知书。第二天，松下幸之助先生却得到一个惊人的消息：神田三郎因没有被录取而一下自卑起来，觉得自己一无是处，于是跳楼自杀了。录用通知书送到时，他已经死了。

松下幸之助知道之后自己沉默了好长时间，一位助手在旁边自言自语："多可惜，这么一位有才干的青年，我们没有录取他。"

"不，"松下幸之助摇摇头说，"幸亏我们公司没有录用他。如此自卑的人是干不成大事的。"

人生并非一帆风顺，因为求职未被录取而拿死亡来解脱自卑的情绪，简直太可惜了。

在人生崎岖的道路上，自卑这条毒蛇随时都会悄然地出现，尤其是当人迷惑、劳累困乏时，更要加倍地警惕。偶尔短时间地滑入自卑的状态是很正常的现象，但长期处于自卑之中就会酿成人生的灾难了。

所以说，要想堂堂正正地活着，首先就要有自信，有了自信才能产生勇气、力量和毅力。具备了这些，困难才有可能被战胜，目标才可能达到，胜利才可能拥有。但是自信绝非自负，更非痴妄，

自信建筑在崇高理想和自强不息的基础之上才有意义。心中有自信，成功有动力。莎士比亚说过："自信是成功的第一步。"当你满怀激情踏上人生之路时，请带上自信出发，那么一切都将会改变。

别只盯着负面看

换个角度看问题，当我们遭受磨难时，请敞开胸怀、放眼未来，不要悲观、不要抱怨，这便是"福"的开始。

不要抱怨自己总是灾难重重，耿耿于怀只会让你陷入迷茫，越来越颓废。其实，这世间的福与祸都是存在某种必然联系的：安逸纵然是福，但太过安逸，往往会消磨人的斗志，令人越发沉沦；困苦固然可以称之为祸，但却可以让人砥节砺行，保持清醒，以免陷入罪恶的深渊。中国有句古话——"祸兮福所倚，福兮祸所伏"，说的就是这个道理，看看下面的故事，或许你就能对自身的处境释怀。

据说很久以前，在一个王国里，有位大臣特别聪明，而这位大臣也因他的聪明，受到国王格外的宠爱与信任。

这位聪明的大臣不论遇上什么事，总是愿意去看事物好的那一面，因此，别人给了他一个雅号"必胜大臣"。

国王喜爱打猎，有一次在追捕猎物的过程中，弄断了一截食指。国王剧痛之余，立即召来"必胜大臣"，征询他对这件断指意外的看法。

"必胜大臣"仍本着他的作风，轻松自在地告诉国王，这应是一件好事。

国王闻言大怒，认为"必胜大臣"在嘲讽自己，立时命左右将他拿下，关到监狱里待斩。

"必胜大臣"听后，笑着说："您不敢杀我，总有一天您还得把我放出来。"

国王听了怒吼道："来人，给我拉出去斩了。"但想一想又说，"先押入死牢。"就这样"必胜大臣"被关到死牢。

国王的断指痊愈之后，忘了此事，又兴冲冲地忙着四处打猎。不料却带队误闯邻国国境，被丛林中埋伏的一群野人活捉。

依照野人的惯例，必须将活捉的这队人马的首领献祭给他们的神，于是便抓了国王绑到祭坛上。正当祭奠仪式开始，主持仪式的巫师突然惊呼起来。

原来巫师发现国王断了一截的食指，而按他们部族的律例，献祭不完整的祭品给天神，是会遭天谴的。野人连忙将国王解下祭坛，驱逐他离开，另外抓了一位同行的大臣献祭。

国王狼狈地回到朝中，庆幸大难不死，忽然想到"必胜大臣"曾说过的话，立刻将他由牢中释放，并当面向他道歉。

一个人能否活得幸福，完全取决于他的人生态度。幸福者与不幸者之间的差别是：幸福者始终用最积极的思考、最乐观的精神和最有效的经验支配和控制自己的人生。不幸者则刚好相反，因为缺乏积极思维，他们的人生是受过去的失败和疑虑所引导和支配的。他们徘徊在失败的阴影里，只能眼看着别人幸福地生活。

乐观者总是善于在困境中发现有利于自己的契机，悲观者即便身处幸运之中，看到的也只是阴霾。都是活一辈子，为什么不放下

悲伤，选择快乐呢？想做前者其实并不难，只要你能在看到阴影的时候，及时将头转向另一边。

一对孪生兄弟，虽然长得极其相像，但性格却迥然不同。哥哥天性乐观，看不出他有什么烦恼；弟弟却整日哭丧着脸，好像世界末日就要来临一样。

为使兄弟俩的性格综合一下，父亲给了弟弟一大堆玩具，而后又将哥哥关进马棚。过了一个小时，父亲前去观察这兄弟俩的动静，却发现哥哥正在不亦乐乎地挖着马粪，而弟弟则抱着玩具在哭。

"有这么多玩具陪你，你为什么还要哭呢？"父亲问弟弟。

"如果我玩这些玩具的话，它们就会变旧，有可能还会坏掉。"弟弟伤心地回答。

"为什么把你关进又脏又臭的马棚，你还这样高兴？"父亲转头问哥哥。

"我想看看能不能从马粪中挖出一匹小马驹啊。"哥哥说完又跑进了马棚。

父亲长叹了一口气，从此放弃了改变二人性格的念头。

后来，这对兄弟长大成人，弟弟依旧那样悲观，他时常抱着半杯可乐发愁——哎！只剩下半杯了。哥哥还是那个乐天派，他会为发现半杯可乐而欣喜——感谢上帝，还为我留着半杯可乐！

再后来，弟弟一脸忧伤地离开了人世，他一生都没有开心过；哥哥走的时候，脸上则布满了微笑，他一生都没有忧伤过。

开心也是一生，不开心也是一生，为何要把自己埋于悲观之中，郁郁而终呢？做人，理应乐观一点，豁达一点，扫除心中的阴霾，你会发现天空一直是那样晴朗，生活一直是这般美好！

六、是别人看你不顺眼，
还是你自己有缺点

是不是总是觉得别人看你不顺眼？是不是觉得被人刻意排斥？是不是觉得自己很是委屈？可是你有没有想过，那么多人在一起，为何你不受待见？你有没有想过，自己究竟什么地方惹人烦？其实我们真的有必要弄清楚，究竟是别人在有意为难，还是我们自己有缺点。

不要揭人短处

如果我们还希望广交朋友、得众人相助，那就给自己留点口德，不要将他人的短处挂在嘴上。纵使非说不可，也可以变通一下，这是人际交往中理应具备的素质，更是获得良好人际关系的必要技巧。

在《韩非子·说难》篇中，有这样一段对龙的描述：龙生性柔顺，喜与人亲近，甚至可以将其当作坐骑。然，龙颔下长有一尺余长的逆鳞，一旦有人触及，必勃然大怒，以致伤人性命。

其实，何止龙有逆鳞，几乎自然界的每一种动物都有自己的忌讳。例如，猫不喜欢人逆捋其尾，牛不喜红色等。又如鲁迅先生笔下的阿Q、祥林嫂、孔乙己，三人虽然性格迥异，但却拥有一个共同之处——最怕别人揭其短。阿Q最忌讳别人提及自己头上的伤疤，若有人犯此忌，他必然怒火中烧，去与人一争高下，小D就曾因此吃过亏；祥林嫂最怕别人说自己"不贞"，这对她而言是一生难以抹去的耻辱；孔乙己则最不喜欢别人拿自己过去的糗事调笑，一旦有人提及，他就会涨红脸，无理也得辩三分。

短处，人人都有，有的可能自己心里也很清楚，可是由别人嘴里说出来就让人不舒服。俗话说"打人不打脸，骂人不揭短"，没有一个人愿意让别人攻击自己的短处。若不分青红皂白，一味说对方的短处，很容易引发唇枪舌剑，最终导致两败俱伤。

究其根由，人们之所以怕被人揭短，主要是自尊心使然，感觉面子上过不去。因此，你若想建立一个良好的人际关系网，就一定不要去碰触别人的短处。

张三其人尖酸刻薄，常以揭人短为乐。一次朋友聚会，邻居李四因家有严妻不敢多喝，张三便乘着酒意大声叫嚷："你们知道李四为什么喝酒像喝毒药似的吗？因为他怕老婆！有一次李四喝酒喝醉了，不但被老婆扇了两耳光，最后还被赶到客厅去睡呢。"李四被张三当众揭了短，不禁羞怒焦急，但碍于众人又不好发作，便推说有事，离座而去。

几日后，张三一家去城里购物，出门时风清气爽，刚到城里不久便阴云密布。张三妻子担心院中晾晒的生虫大米，便催促张三赶快回去。张三因有东西还没买，又想到李四在家，便不以为然地说道："没事的，李四今天在家，他会帮我们收回去的。"

然而，当张三一家回到家中之时，却发现院中晾晒的大米已经被雨水泡得涨了起来。

所谓"远亲不如近邻"，李四的小心眼固然不值得称赞，但说到底还是张三揭人短在先，为了逞一时的口舌之快，得罪邻人，令其怀恨在心，这又是何苦来呢？事实上，生活中张三类型的人不在少数，他们似乎已经把"揭人短"当成了人生一大乐事，似乎只有道出别人的"短"，才能彰显自己的"长"，殊不知，这样做的结果只会令人生厌，令朋友对其唯恐避之不及。

老话说"当着矬子不说矮话"，就是告诫人们在交往中不要伤及他人自尊。人生在世，各有所长，各有所短。若以己之长，较人之短，则会目中无人；若以己之短，较人之长，则会失去自信。这是应酬中尤其要注意的一点。

春秋时期，齐国宰相晏子是个矮子，有一次到楚国去出访。楚国的国君故意要以晏子的矮来要笑一番，于是吩咐只开大门旁的小门。晏子一看，便知楚王的用意，于是晏子说道："只有出使狗国的

六、是别人看你不顺眼，还是你自己有缺点

人，才从狗洞中进去。今天我出使的是楚国，应该不是从此门中入城吧。"

楚国国君本想羞辱晏子，不承想却反过来被晏子羞辱了一顿。我们在人际交往中应以此为鉴，尽可能避谈对方的短处。如果我们总是把眼光盯在别人的弱点上，在人际交往中总是将别人的弱点当成攻击对象，那么只会出现两种情况：一、别人不愿意再与你交往，如此一来，你的朋友就会越来越少，别人都躲着你，避开你，不与你计较，直到剩下你孤家寡人一个；二、别人也对你进行反攻，揭露你的短处。这样势必造成互相揭短、互相嘲笑的局面，进而发展到互相仇视，如此一来，你的人际关系网势必会破裂，别人对你的评价绝好不到哪里去。

古今中外，但凡有修养之人，从不以揭人短为乐。据《封氏闻见记》中记载：曾在唐朝做过检校刑部郎中的程皓，向来不谈论他人之短。即便友人谈及之时，他也从不参与其中，而且还为受嘲者辩解："这都是以讹传讹，事实并非如此，不足为信。"继而，再列举该人的一些优点。试想，做人若能如程皓这般，又怎会不赢得他人好感，又怎会不知交满天下呢？

他有隐私你勿揭

人际交往中，我们最好不要随意触及他人的隐私。在特殊情况下，如果迫于形势，不得不提及他人的隐私，这时，你应该采用委婉的语言暗示对方你已经知道他的错处或隐私，让他感到有压力而不得不改正。一般来说，知趣的、善权衡的人是会顾全双方的脸面而悄悄收场的。

每个人都有不为人知的隐私。心理学家指出，没有人愿意将自己的错误和隐私在众人面前"曝光"。所以，有心智的人即便与对方的关系再好，也绝不会将别人的隐私公之于众，更不会将其当作笑料来调侃。因为这样一来，无疑是让人家当众出丑，"受害者"必然会感到尴尬和愤怒。

李文强和夏董文二人不但是发小，还是大学校友，生意场上的伙伴。两人非常要好，已然到了无话不谈的地步，相互开玩笑时也无所顾忌。夏董文原在某厂任财务科长，因经济问题被判刑三年，老婆跟他离了婚。出狱后痛改前非，终于事业有成，和李文强一起，分别成为某集团公司下属两个分公司的经理。有一次，在总公司的例会上，轮到夏董文发言，夏董文谦逊道："我想说的大家都说过了，就不用再重复了。"李文强对夏董文的婆婆妈妈感到不满，开玩笑说："你谦虚什么呢，还怕别人得了你的真传吗？好，你不愿说，我来替你说，你的成功之处在于掌握了'三证'，一是大学毕业证，二是离婚证，三是劳改释放证。"在大家的哄笑声中，夏董文的脸一下变成了猪肝色。从此，夏董文与李文强画地断交，形同陌路。

中国有句老话叫"祸从口出"，因此，出言一定要谨慎，对什么话能说，什么话不能说，一定要做到心里有数。

一个毫无城府、随意调侃他人隐私的人，不仅会因为他的浅薄俗气、缺乏涵养而不受欢迎，还极有可能因此惹祸上身。

在日常生活中，为人应该谨慎一些，说话应该小心一些，对于他人的隐私，应该做到不闻不问，更不要执着于打探别人的隐私。

热衷于打探他人隐私的人，总是令人讨厌的，这一点在西方显得尤为突出。个人隐私所包括的面很广，诸如个人收入情况、女士年龄、夫妻情感、他人家庭生活等，都属于个人隐私的范畴。

在西方人的交往中，"探问女士的年龄"被看成是最不礼貌的习惯之一，所以西方人在日常应酬中，可以对女士毫无顾忌地大加赞赏，却从不去过问对方的年龄。但是中国人就不同了，有的人常常一见面便问人家"芳龄几何"，弄得女士们答也不好，不答也不好，只好在以后的应酬中尽量避免与之接触。

所以说，在社交中能够避免探问对方隐私的嫌疑，这本身便是应酬成功的第一步。因此，在你打算向对方提出某个问题的时候，最好是先在脑中过一遍，看这个问题是否会涉及对方的个人隐私。如果涉及了，要尽可能地避免，这样对方不仅会乐于接受你，还会因你在应酬中得体的问话与轻松的交谈而对你留下好印象，为继续交往打下了良好的基础。

闲时谈人是非事，自己亦是是非人

闲时谈人是非事，自己亦是是非人。妄谈他人是非，又怎能不为人所诟病？倘若我们对常常高谈阔论、飞短流长的人印象不佳，那么切莫步上他的后尘而不自知！

"流言蜚语"绝对是一个令人厌恶、令人惧怕的词语。它的字面解释如下：流言，即没有依据的言语；蜚语义同于流言，更带有诽谤性、针砭性。那么，既然毫无依据可言，为何却偏偏有人对此津津乐道呢？从心理学的角度上说，一方面是因为多数人都具有窥私欲，他们喜欢探听别人的隐私，尤其是带有负面性质的隐私；另一方面，爆料别人的"卑劣"，可以凸显自己在某一方面的"高尚"，这是典型的虚荣心在作祟。当然，这其中更不乏居心叵测之人。

"流言"的帮凶有两种人。一是"制造流言者"。这类人内心阴晦、失衡，明明自己能力有限、不学无术，却又忌妒别人的成就。于是挖空心思诋毁别人，以求心理上的满足。

二是"散布流言者"。这种人相对前者略隐晦一些，称得上是"隐形杀手"。他们最喜欢做的事情，就是将听来的"流言"添油加醋，再四处传扬。即便原本不存在的事情，经他们的嘴巴一说，也就变成了事实。所过之处，可谓一片狼藉。

一个妇女在背后说邻居的闲言碎语，几天内，村中所有人都知道了此事，当事人为此大受伤害。后来，妇女发现事实完全不是这样，她非常难过，就去聪明的智叟那里请教如何弥补。

"去集市吧。"智叟说，"买一只鸡，把它杀掉。然后在回家的路上，拔下它的羽毛，一片片地沿路扔掉。"这位妇女尽管感到很奇怪，但还是依言而行。

第二天，智叟说："现在，你去把昨天扔掉的那些羽毛全部收集起来，把它们交给我。"妇女依言回到那条路上，但大风已然将羽毛吹飞，她苦苦寻找了几个小时，最后攥着三根羽毛回到智叟那里。

"你明白了吧。"智叟说，"扔掉它们是件很容易的事，但不可能把它们全部找回来。流言蜚语就像这羽毛一样。散布出去并不费力，可是一旦你做了这种事，就永远也无法彻底弥补。"

可以肯定，无论是流言的制造者还是散布者，都不会有什么好的结局。在别人背后飞短流长，必然会得罪当事人，久而久之，你也就成了"万人嫌"。同事、朋友，会因害怕成为你的议论对象而敬而远之，上司更会因此将你打入"冷宫"，你的人生、事业又谈何取得突破性的进展呢？

凌金生是公司业务部的精英，曾多次获得公司年终奖金。年底

又到了，凌金生根据考核办法，算出自己又可以拿到 2 万元奖金，便提前与女朋友商议这 2 万元该怎么花。最后决定，储存 1 万元，另 1 万元做春节旅游之用。

获奖名单公布以后，凌金生发现竟没有自己的名字——是不是相关人员疏忽把自己漏掉了？凌金生带着疑问找到业务部经理。经理说："我们这次考核，是绩效考核加表现考核，不只是看绩效，还要看平时的表现，如个人形象、是否具备团队合作精神，等等。你想想看，自己在别的地方有没有做得不够的地方。"

凌金生不由得低下头去。

经理提醒说："年中时，你跟小王争地盘，哪有一点团队合作精神？而且给公司造成了很不好的影响。这是你今年没有拿到年终奖金的主要原因。"

凌金生跟小王所争的"地盘"，是一家大客户。原来是小王开拓的市场，后来那家大客户的部门经理易人，凌金生的同学走马上任。凌金生就去拜访同学，想把业务划到自己名下。小王告到部门经理那儿，部门经理出面批评了凌金生，凌金生才撤出去。

凌金生一肚子气离开经理的办公室。他以为，自己落选主要是经理在作祟。绩效考核，主要看业绩，这是硬指标，别的都是软指标，说你达标就达标，说你不达标就不达标。他若没有团队合作精神，就不会听经理的意见，早把"地盘"抢到手了。还有，那奖金是公司里出，也不是经理自己掏腰包，经理是忌妒才把他拿下来的。

凌金生越想越气，不自觉地找到几个平时关系不错的同事倾诉，发泄不满，说经理的坏话。

不久公司大裁员，凌金生赫然出现在名单上。自己是业务精英，是不是搞错了？凌金生找老板询问。没错，他被解雇的理由是：缺乏团队合作精神。

凌金生不理解，那件事过去半年了，自己跟小王早就和好了，怎么又扯出来大做文章呢？

后来，一个知情的同事告诉他，他在背后说经理坏话的事传到经理耳朵里了，经理怒气难平，自然力主裁掉他。

所谓"隔墙有耳"、"好话不出门，坏话传千里"，聪明人绝不会将"流言"当作茶余饭后的笑料，更不会当众去说别人的坏话。当有人对他们道及第三者坏话时，无论他们是否明白个中原因，都会做到"入耳封存"。这才是智者所为。

有一句话叫作："谁人背后无人说，谁人背后不说人？"这话说得虽然有点绝对，却也揭示了一个事实，即大多数人或多或少都在背后说过别人。不过有一点，经常在背后说别人坏话的人，肯定不会受到欢迎。因为但凡有点头脑的人，都会自然而然地联想到："这次你在我面前说别人的坏话，下次你就有可能在别人面前说我的坏话。"这样一来，说人坏话者在别人心目中的印象又能好到哪儿去呢？

诽谤别人，就像含血喷人

你诽谤了他人并不能提升你自己的威望，也不会由此发财，更不会由此得福。恰恰相反，被你诽谤的人会觉得你这个人过河拆桥，无中生有，人性不强。你挖空心思把精力用到诽谤别人之事上，你自己的事业就会受影响。所以说，你损害他人的同时，也损害了你自己。

有一句话说得非常经典，那就是："诽谤别人，就像含血喷人，先污染了自己的嘴巴。"它的意思是说，诽谤别人的人，最终都不会

147

有好下场。

你的一举一动、一言一行，别人都看在眼里，心中有数，何须贬低别人来抬高自己？喜欢诽谤别人的人，一个最突出的心态就是：我不能干，你也不能表现得比我能干。要是有人表现得比他们强，他们就会采取各种手段进行打压，千方百计把别人踩下去。

还有的人，由于自己思想僵化，没有聪明的头脑，自己没有什么建树，反而却忌妒别人的聪明才智，把人家的劳动成果，看成是别有用心，就是为了张扬自己，就是为了出风头。这种人不仅不能够虚心向别人学习，反而到处诬陷诽谤别人，这恰恰暴露了自己的虚荣心，甚至是不良居心。

人生在世，要与人为善，与人为友，不要以你的狭隘之心去度量君子之行。诽谤对于一个心底无私、光明磊落的人来讲，是没用的。

喜欢诽谤别人的人，实际上是自身极不自信。与他们相处时，应该多给一些赞美，多恭维，让他们觉得很舒服。自己在创造成绩时，不要扬扬自得，而要保持谦虚谨慎的心态；总结成功时，要多强调偶然因素或者别人的帮助；适当的时候，一些容易创造成绩的机会，可以适当让给喜欢妒忌的人，让他们也有成就感。但要注意一点，忍让应该有限度，不能过于卑躬屈膝。

喜欢诽谤别人的人，通常是心胸狭窄的人。与他们相处时，首先还是要多赞美，构筑一个轻松的环境，猜疑很大程度上和沟通不良有关。其次，对于一些中伤和猜忌，要有理有节地进行解释，据理力争。对于恶意的诽谤，如果用沟通的方式无法解决，就得寻求行政或司法等途径了。

善意奉劝诽谤族们，收敛小人之心，定个适合于自己的人生目标，专心致志去奋斗，就会成功。别再犯浑了，人生是短暂的，精力是宝贵的，诽谤他人就是挖自己的墙脚！

不要以惯于诽谤他人而知名。不要精明于怎样损人利己，因为这并不困难，只是会遭人唾弃。所有的人都会向你寻求报复，说你的坏话，并且由于你孤立无援而他们人多势众，你会很容易被打败。不要对别人幸灾乐祸，也不要多嘴多舌。一个搬弄是非的人会被人们深恶痛绝。你或许可以混迹在高尚的人群中，但他们只会把你作为一个笑料，而不是作为谨慎的榜样。说人坏话的人会听到别人说他的更不堪入耳的话。

不要乱忽悠

毫无疑问，欺诈是最令人深恶痛绝的行为之一。没有人喜欢被欺骗的感觉，同样，也没有人会喜欢谎话连篇的人，因为这样的人不靠谱、不值得信赖，难以托付。在人际交往中，如果想给对方留个好印象，那么请记住，说话一定要真诚，莫虚伪、莫做作。

要想实现人与人之间信息的交换、情感的传递，语言是最重要的工具。所以，我们的语言要正确，要诚实，是就说是，不是就说不是，知道就说知道，不知道就说不知道；如果我们的语言不正确、不真实，那就不能担负起交换信息、传递情感的任务了。从个人的角度来说，诚实、实话实说，是做人最起码的道德要求；从社会的角度来说，人人相互欺骗，就会造成人们互相猜疑，社会秩序紊乱。所以，我们说话一定要诚实，说真话才能赢得人心。

有个国王，年龄大了，但没有儿子，打算从全国的儿童中选一个诚实的孩子做继承人。他把准备好的花籽（经沸水煮过的花籽）

发给每个儿童，并说要是谁种出的花最好看，就选谁做儿子。有个孩子种的花始终都没有发芽，虽然辛勤管理，还是不出芽，因此十分着急。

到了国王要看花的日子，许多儿童都把自己的花捧了出来，形形色色，鲜艳夺目。只有这个孩子捧着没有花的泥盆站在一边。

国王问他："你的花呢？"孩子告诉国王，种上花籽后一直没有发过芽。国王听了十分高兴，对大家说："这个孩子很诚实，我选他做我的儿子了！"诚实的孩子最终取得了胜利。

很多时候，比起有意地隐瞒、欺瞒，说真话更能赢得人心。其实诚实比欺瞒更有力量。林肯曾经说："你能在所有的时候欺瞒某些人，也能在某些时候欺瞒所有的人，但你不能在所有的时候欺瞒所有的人。"所以，要想真正地赢得人心，最好的方法就是说真话。

中国香港一家药品公司在报纸上登了一则药品广告，以这么一句话结尾："当然，大病还得看医生。"乍一看，这句话近似废话，甚至还有自揭其短之嫌，然而它却能在消费者心理上起到意想不到的作用。这则广告说的是实话，因为这句话告诉人们，此药的疗效范围是有限的，或者说，我的药有很强的针对性，并不是包治百病的灵丹妙药。所以这句话符合药物的特点和实际情况，具有很强的真实感，因而能够赢得人们的心。

说真话就是说话符合客观实际，言之有物，不隐瞒、不臆造，不说空话、大话，同时说话要符合真情实感，怎么想就怎么说，说话人所表达的，是内心所想的，即"言为心声"，而不是心口不一或口是心非。说大话、说假话最终受害的只能是自己。

山东某地某大理石厂投资从国外引进了一批比较先进的设备。翌年投产，第三年形成生产规模，实现9000万元的利润，一时成为全市乃至全国的明星企业。这时候，从企业领导到一般工人都沾沾自喜，很有一种骄傲自满的情绪，致使这个明星企业第二年就大滑坡，利润急剧下降，下降了60%。恰巧在这时候，省建材局一位局长前来视察工作，当时的厂长汇报工作时的第一句话就说："我们的企业全国居第一，全世界居第二！……"

听了那位厂长的话，局长吃了一惊，不高兴地打断了他的话："谁是世界第一呢？"

厂长显然是没有料到省建材局长会突然提出这么一个问题，一时张口结舌，答不上话来。

局长又问："你出过几次国？都去过哪些国家？"

厂长的额头上冒出了冷汗，结结巴巴地说："我……我去过一次日本……"

局长生气地说："你仅仅去过不生产石材的日本，连石材王国意大利的国门都没踏进，那你凭什么说这个企业居全世界第二呢？"

厂长的脸青一阵红一阵的，站在那里不说话了。

这位厂长凭空臆想地说话，最终害了自己。

一个不说真话的人，在事实上是不能与人沟通和交流的。即使在一段时间内可能获得某种交际效果，但最终还是要付出代价的。我们小时候都听过"狼来了"的故事，试想，如果那个放牛娃懂得"说话要诚实"的道理，就不会导致最后的悲惨结局了。

真诚最起码的要求是不说谎、不欺骗对方，但在复杂的社会和人生活动中，目的和手段是有一定的针对性的。医生为了减轻病人的心理负担，往往会向病人隐瞒病情，给病人编造一套谎话，这样才更有利于治病救人、使病人早日康复。在这种特定情况下，说谎就不是虚伪，而是一种更高、更深层次的真诚，是一种体现人道主义关怀的真诚。

说真话既是一种品质，也是一种有效的说话方法，这种方法就叫作诚实取胜法。所谓口才，是以说真话为前提的。能言善辩但满口假话，那就不是口才，而是诡辩。在日常生活中，我们一定要养成说真话的习惯，用真实的语言对待每一个人，不说谎，不虚假，言行一致，表里如一。

口不择言，人见人烦

人与人之间的交往关键在于一个尊重。你对人无礼，难不成还想着别人对你赞赏有加、彬彬有礼？那是天方夜谭！无论到什么时候，一个满口脏话、口不择言的人都不会受到欢迎，这一点你是不是还没有认清？

几乎每个人都有口头禅，就像每个人都有他的习惯动作一样。在不知不觉中，口头禅已经构成个人形象的一部分，甚至是很重要的一部分。语言的风格是个人文化素养的体现，你拥有某种气质的口头禅，也就很容易被人视为属于某种气质的人。所以，我们务必要摒弃不良的口头禅。

一个满口污言秽语，开口便是国骂、乡骂等口头禅的人，自然会让人觉得粗鲁、缺乏教养；而以"有请"、"谢谢"、"对不起"等作为口头禅的人，则会让人觉得有礼貌、有修养。一个总是有意无意地把"真没劲"、"真无聊"挂在嘴边的人，给人的印象是疲惫沉闷的；而一个喜欢在说话时插几句"讲老实话"、"我实事求是地跟你讲"的人，在别人心目中就会显得诚恳、实在。

说话必须要干净、利落、文雅，这不仅是交际的需要，更是培养个人良好谈话修养的要领。不文雅的口头禅是一种不良的语言习惯，它有损我们的形象，所以必须坚决戒除。大体上说，不良口头禅主要有以下几种：

第一，脏话口头禅

有的人说话时经常使用粗俗、不堪入耳的语言。这种口头禅给人粗野鄙俗、低级下流之感，给人留下极为恶劣的印象，不仅降低了你本人的身份和品位，还会使人反感。

第二，废话口头禅

有的人讲起话来，满口"那个"、"这个"、"嗯"、"啊"，这种口头禅往往把语句肢解得支离破碎，使语言显得拖沓紊乱不流畅。

第三，傲语口头禅

有些人在与人交谈之中，经常使用如"你知道吗"、"我跟你讲"、"我告诉你说"、"你明白吗"等。这些往往只是说话的一种语言习惯，在句子里没有实际意义却反复出现。这种口头禅给人一种自以为是的感觉。

口头禅大多是在无意识中形成的，不良的口头禅能够反映出我们身上某些修养的欠缺，而这种欠缺有的比较明显，有的则从微妙的细节体现出来。出于工作和社交的需要，我们必须经常与人交谈，要想给人留下彬彬有礼、谦逊干练的形象，我们首先要摒弃不良的口头禅。

你可找出平时出现频率最高的粗话、脏话，集中力量改掉它，并且在每次说话前，都要提醒自己，使说话语气暂时停顿一下，改变原有的条件反射。经过一段时间的实践后，出现频率最高的粗话、脏话改掉了，其他粗话、脏话的克服也就不难了。

同时，你还可以录下自己的讲话，闲暇时常听听，会对自己不良的口头禅产生反感。这样，能促使你以后讲话时保持警惕，逐渐消除不良口头禅。再次，你可以把自己要戒除坏习惯的想法告诉周围的朋友，求得他们的帮助和监督。许多戒除不良习惯者都深刻体会到，别人的帮助和监督十分重要，是防止复发的有效手段。你讲

粗话、脏话，已是习惯成自然，往往讲了自己还不在意，如果旁边有人及时加以提醒、监督，将会有利于你抑制和克服讲粗话脏话的不良习惯。

在摒弃不良的口头禅的同时，我们还要"优化"自己的口头禅。具体的做法可以参考以下两个小例子：

有一个男人，他的口头禅非常特别，就是很简单也很有力度的四个字"问题不大"。平时，每当遇上什么麻烦事、困难的事，他总是说"问题不大"。这句话，一方面表明了他能够正视现实，认识到问题的确存在；另一方面，也表现出一种无所畏惧的强烈的自信心，让别人感觉他总是在俯视这些问题。就是这极具感染力的四个字，让大家在惶乱不安的时候，犹如吃下了一颗定心丸。也是因为这四个字，他成了大家的主心骨。

有个女孩，不知为什么，别人总是不愿意和她交谈、交往，她自己也觉得很苦恼，有种被人摒于圈外的落寞。于是，她去问她最要好的一个朋友。她的朋友琢磨了好久，最后说："也许是你有几句口头禅，正是使他人感到不快而不愿与你交谈的原因。比如每当别人说起某件新闻时，你总会无意识地说'我不相信'，一下子就扫了别人的兴，久而久之，别人也就不愿和你多说话了。"女孩自己想想，的确是这样。于是，她开始有意识地养成说另几句口头禅的习惯。比如把"我不相信"改成"这是真的啊"，这样一来，不仅使她的话显得真切，同时还带有一种深深的信赖。对方听到这种真切热情的反应，当然会情不自禁地感到喜悦，慢慢地，有很多人都乐意与她交往、聊天了。

在社交中，要想树立良好的社交形象，展示独特的社交魅力，你一定不要忽视自己的口头禅。如果有不良的口头禅，一定要坚决摒弃，同时还要注意养成良好的口头禅，从而树立自己正面、积极的形象。要知道，有心智的人，绝对不会让口头禅毁了自己。

七、同进公司那一拨人，
缘何数你混得差

想当年,你们一同走进公司的大门;想当年,你们共患难;想当年,你们闲暇之余喝酒聊天。现如今,人家一升再升,意气风发,个个旧貌换新颜,唯独你,依然原地踏步、默默无闻。你心有不甘,你满腹抱怨,但你可曾想过,相差无几的一拨人,为何就你混得差?你是不是还没有掌握职场上的窍门?

你是不是"职场独狼"

成功的喜悦是需要分享的，切记不要只注重眼前的利益，而采取吃"独食"的手段来垄断荣誉。因为一个人就算再强大，也离不开别人的帮助和建议。如果这时候你只一味地想去为自己争得荣誉，而不考虑别人的感受，那么在之后的工作中还有谁愿意向你伸出援手呢？

每个人都有想在职场独占鳌头的欲望，当胜利的果实摆在面前，你第一件要做的事情是什么呢？是把它紧紧地抓在手里，还是拿出来和大家一起分享呢？很显然，后者是很明智的。一个人要想在职场江湖行走得游刃有余，首先切记不要只想着吃"独食"，否则别人的认同和帮助就会在无意之间离你远去，而你只能成为一个让别人敬而远之的孤家寡人。

毫无疑问，我们总是希望自己在职场上能够赢得更多的荣誉，因为荣誉越多，晋升的机会也就越多。人到了一定年龄，最希望的就是自己能在一家有前途的公司越干越好，有更广阔的发展空间，赢得上司和同事们的认可和帮助。但是当荣誉真的来到你的面前时，心中却开始犹豫了，究竟自己应该怎样接受面前的胜利果实呢？是一个人把它握在手中，还是和更多的人一起分享呢？如果你能在接受荣誉之前有这样的想法，说明你经过这几年的职场历练已经成熟了不少。

很显然，就算是你为这份荣誉奋战了很久，单凭你一个人的力量绝对是无法将其圆满完成的。成功固然是一件值得喜悦和骄傲的事情，但是喜悦和骄傲的同时，千万不要忘了帮助过自己的人，不管是上司还是同事，你一定要学会与大家一起分享荣誉和快乐。只有这样，我们才能维护好自己与上司、同事之间的关系，才能在得到荣誉的同时，为自己赢得不错的人缘。

当你在工作和事业上取得成绩，小有成就时，这当然是值得庆祝的一件事情，你也应当为自己高兴。但是有一点应该注意，如果赢得这一点成绩是大家共同努力的功劳，或者离不开他人的帮助，那你千万别把功劳据为己有，否则他人会觉得你好大喜功，抢占了他人的功劳；如果某项成绩的取得确实是你个人的努力，当然应该值得高兴，而且也会得到别人的祝贺。

即使是这样，你也一定要明白，千万别高兴得过了头，一来可能会伤害有些人的自尊心，二来，如果你过分狂喜，能不逼得人家眼红吗？

瑶瑶是一家出版社的编辑，并担任下属的一份杂志的主编，平时在单位里上上下下关系都不错。有一次，她主编的杂志在一次评选中获了大奖，她感到十分荣耀，逢人便提自己的努力与成就，同事们当然也向她表示祝贺。但过了个把月，瑶瑶却失去了往日的笑容。她发现单位同事，包括她的上司和属下，似乎都在有意无意地和她过不去，并回避着她。

瑶瑶为什么会遇到这种情况呢？其实原因简单明了，她犯了"独享荣誉"的错误。这份杂志之所以能得奖，主编的贡献当然很大，但这也离不开其他人的努力，他们当然也应分享这份荣誉。他们不会认为某个人才是唯一的功臣，总是认为"没有功劳也有苦劳"，所以这位主编的表现，当然会引起别人的不满，尤其是瑶瑶的上司，更会因此而产生一种不安全感，害怕她功高盖主。

由此看来，对于一个想把自己事业做大做强的人来说，与人分享荣誉是多么的重要，尽管有的时候，那只是一句话的事情，但是却能给自己的处境带来翻天覆地的变化。不会与他人分享荣誉的人总会给别人带来一种自以为是的感觉，让人难以亲近。然而，对于那些懂得和大家分享荣誉的人来说，自己永远是大家欢迎的对象，因为他用自己的谦卑和大度感动了身边的每一个人。

在职场生涯中，当你获得荣誉去感谢同事、与同事分享，这好比让同事吃下了一颗"定心丸"。如果你未向同事分享你的荣耀，你必然会遭到大家的反对，他们甚至会成为你通往成功之路的障碍。常言说："种瓜得瓜，种豆得豆。"如果种下的是妒忌和怨恨，那就难以收获幸福和快乐。学会与同事分享胜利和荣耀，实际上就是在为自己以后的发展而投资。

吴海燕被老板叫到办公室去了，她领导的团队又为公司的项目开发作出了杰出贡献。送茶进去的秘书出来后告诉大家，老板正在拼命地夸吴海燕，她从来没见过老板那样夸一个人。研发小组的几个人脸沉了下来："凭什么呀！那并不是她一个人的功劳！""对呀！为了这个项目，我们连续加了 17 天的班！"正在这时，老板和吴海燕来到了大厅。"伙计们，干得好！"老板把赞赏的目光投向几个组员，"吴部长向我夸赞了你们所付出的努力！听说有两个还带病加班是吗？真诚地谢谢你们！这个月你们可以拿到 3 倍的奖金！"老板话音刚落，几个女同事就冲过去拥住吴海燕一起欢呼起来，大家表示以后一定会跟着吴部长再接再厉。

由此看来，在职场上懂得分享的人，才能在最终得到得更多；自私狭隘的人，终将被人抛弃。作为一个职场人，我们应该明白其中的道理，荣誉到什么时候都不能独吞。否则它虽然会给你带来一时的欣喜，却有可能毁掉了你长足的发展。

分享不仅是一种修养，更是一种共同走向成功的方式。我们改变了过去那种你死我活的博弈做法，而选择寻求双赢的思路来看待自己的同事和对手。无论是在生活中还是工作中，只要我们学会了分享，我们成功的概率就会多一成胜算，因为在这个多变的世界，单独的成功已经成为过去，共同的成功才是未来。

你有没有跟对人

环境对事物、对人的影响实在不容轻视。一个人因为选错了职业或是跟错了人，而导致自己的才干无法充分施展，不能不说不可惜、不遗憾。但是，只要我们能够及早认识到这个问题，即便晚了一点，也还是有希望的。

"良禽择木而栖"语出《左传》：当时，孔子因卫国政治腐败，自己得不到重用决定离开。卫国当权者孔文子准备出征，想听听孔子的意见，孔子说自己只懂得礼仪，不懂得打仗。并说："鸟则择木，木岂能择鸟。"遂归鲁国。后因而有"良禽择木而栖，贤臣择主而事"之说，比喻优秀的人才应该选择能发挥自己才能的好单位和善用自己的好领导。事实确实如此，职场中，我们要想自己的前途一片光明，最重要的是发现一个好领导，跟准一个具有很大发展前途的领导。

这在《三国演义》里得到了很明显的体现：

曹操、刘备与孙权，虽说初谋事时并不强盛，立国之路充满了艰辛坎坷，但此三人皆是胸有大志、腹有良谋的帝王之才，称得上是"明主"。历史已然证明，坚定不移地追随曹操、刘备与孙权的谋臣将士，大部分是很风光的，可以说找到了好的归宿，而选择其他

七、同进公司那一拨人，缘何数你混得差

159

诸侯的谋臣将士呢？要么被迫改弦更张、弃暗投明，要么便早早地成了沙场亡魂。

话虽如此，可是，好单位与好领导也不是每个职场人士都能分得清的。在常人眼中，好单位往往意味着待遇好，一些职场人士便以为自己得到熊掌了，不过，若是能碰到些好伯乐自然是好，若是碰到个嫉贤妒能甚至阴险狡猾的领导，譬如袁绍、袁术、刘表、张鲁之流，你的前途便很难说了。即便你是田丰、沮授一类的奇才，恐怕也只能是奇谋无着，遗憾终身了。

那么，我们怎样去识别好领导呢？一般而言，一个具有发展前途的领导，会具有以下特点：

一、具有长远的眼光和卓越的才能。这样的人能够把握天下大势，能够完成一般人不可能完成的大事。曾国藩与许许多多的清代办团练的大臣一样，不过是为了抵御太平军而奉旨操练民兵而已。可是他首先要训练的是一支"主义"的军队，因而最终取得了其他人没有取得的成就。

二、重修养，讲道德。歪门邪道可能一时得逞，可是最终是难免要倒霉的。清代的和珅，在乾隆皇帝的时代官居一品、富可敌国，可是嘉庆皇帝上台不久他就倒台了。而像诸葛亮那样德高望重的人，名垂千古，万人敬仰，靠的不是歪门邪道，而是千古不变的美德。

三、善于用人。作为一个领导，事业的成功与否，与他用人是否恰当有最直接的联系。一个能干的下属，必须跟准这样一个领导才能尽快展现自己的才能。范曾投靠在项羽的门下，屡屡进谏而不得用，最终落得个受疑而死。陈平投奔刘邦，刘邦任用陈平做都尉，众将多有疑义，说他在家时曾与其嫂子私通，且在为官期间又有受贿行为，是一个乱臣和小人。刘邦经过审慎地考察后，得知陈平的小疵不足以掩其大才，于是没有摒弃他，反提升他为护军中尉。在以后的岁月中，陈平屡建功勋，辅佐刘邦夺得汉室天下。陈平盗嫂、收受贿赂固然是瑕疵，而刘邦在用人识才上能容人之过，举其义端，这不能不说是他最终取得成功的重要原因。

一个有发展前途的领导的特点当然不止这些，细心的人可以在现实之中细细琢磨，因为不少细节是很难阐述的，几乎是"只可意会，很难言传"。并且，发现有前途的领导是一件细活，"运用之妙，存乎一心"。

我们在很多地方都发现过这样的例子：一些同时走上工作岗位的人，开始的时候，起点基本都一样。可是，几年之后，他们的差距就拉开了。有的提拔得快，有的提拔得慢，有的没有得到提拔。提拔得快的人在谈起他们进步原因时，都把领导的帮助和提携放在首位。

一个具备一定能力的人要想尽快发展，跟准一个具有发展前途的上司是最好的选择。无须论证：一个好的领导可以培养出一大批能人，一个好的导师就可以培养出一批好学人，一个好的师傅就能够带出一批好徒弟。

聪明的人总会把自己的前程同领导的前程绑在一起，跟对一个有前途的领导，通过领导来实现自身价值的进一步提升。

光肯干不够，还要会巧干

职业战略公司董事玛丽莲·肯尼迪曾经说过："工作出色，部分是由于效率高，部分是由于宣传。"当你出色地完成了某项工作，或者付出额外努力促成某项工作提前完成时，就有必要让别人知道。请记住：职场上不仅要有能力，还要学会适度地巧干。

很多人虽然数年如一日地投入工作，也具有一定的能力，但依旧不突出，无法获得晋升的机会，这不免令他们自己都感到费解。何故如此？究其根由，关键性的因素就是他们不善于表现自己。一个聪明人，当他付出额外努力促成某项工作提前完成的时候，是一定会不露声色地让领导知道的。

一位策划主任从未耽误过交稿期限，这一点让领导很欣赏。

他是怎么做的呢？

在过去的 10 年中，他总是在策划案最后，列出任务下达的日期、向领导交稿的日期，以及两者间的间隔。自从增添了这一标记后，所有领导都知道了他如何守时，他在公司里赢得了良好的口碑。

俗话说："七分苦干，三分吆喝。"如果处理巧妙，自我赞扬绝对是我们吸引领导眼球的有力工具。下面是本书为读者提供的一些建议，相信会对你有所帮助。

一、主动表现你的进步。许多人梦寐以求有个好领导，凡事肯教导，凡事肯出头，总之对你疼爱有加。可是，日子一久，你会发现自己在工作上全无进步，而领导似乎亦无意让你担当更重要的职务，叫你好生纳闷。

其实有果必有因：平日你是否有欠独立，凡事依赖领导？事无大小都不能自做决断？

不少上了年纪的领导，喜欢一些乖巧年轻的下属，可使自己心境年轻；反过来在公事方面，领导虽疼爱你，但事实告诉他，你难以独当一面，他又怎么敢冒险委以重任呢？

领导自有他的工作范围，所以你切莫事无大小都去请示。遇上一些小问题，应大胆地拿主意、做决断。不要以为凡事禀明领导是尊重他，你能够在某些方面表现得体，他会更开心的。

你初到一个单位，有些工作上的技巧不够纯熟，甚至可能出错，但在努力学习之后，你早已达到事实上的水准。到了这个时候，你就有必要向领导表明你的改进，而不是静待领导自己去发现！

你可以给领导呈上一份报告书，必须要向他解释一切，这时你可以在最后表白一番："记得我以前犯过这种错误，幸亏有您指正，我早已明白了犯错的原因，如今再也难不倒我了，想来，我该多谢您！"

领导便会无形中接收到你要表达的讯息。

二、巧妙表现你的亲和力。有人见了领导，一举一动都不自然起来。就是单位聚会，也尽量与领导保持一定距离。如此下去，隔膜肯定越来越深，对你实在太不利了！一则领导永远对你不了解，有较好的空缺，也不会想起你来；二则你给领导的唯一印象会是怕事和不主动，这肯定是你晋升路上一大障碍。

另有些人恰恰相反，恃熟卖熟，不分公私，常直呼领导名字，这样也是危险的。因为你会在不知不觉中得罪了领导。

可见与领导之间的距离，也要把握好度，应维持友善融洽的气氛，才可以合作愉快。较重要的决策，则应和领导在事前商量一下，并定时向他汇报工作上的进展。

当然，你有权利与领导意见不同，但不能持敌对态度，应尊重他，以他的意见为最终决定。

别以为领导都有架子，其实只要你自然一点，他们的反应和幽默感跟普通人没有两样。另外，单位的聚会一定要尽量参加，因为许多领导都认为对单位聚会不热心的人对公司缺乏归属感或是与同事不和。不要给领导留下这个坏印象，所以无论你多忙，也务必抽点时间参加单位聚会，或者只是象征性地到场一下。

分外之事也要干

领导所喜欢的，不仅仅是可以胜任本职工作的员工。他希望自己的下属可以充分施展才智、发挥热度，为自己带来惊喜、为企业增加效益。在领导看来，一个积极主动、对工作充满热情的员工，不论在哪个岗位上都会脱颖而出，这样的员工才是值得重用的。

你有没有意识到？在实际工作中，做好本职工作是必须的，但要想不断提升自我，完善自我，为自己开创出更多的机会，分外之事就不可不管了。

诚然，职责范围以外的事我们没有义务去做，但换个角度想一想，有哪个老板不喜欢"勤快"的员工呢？所谓能者多劳，同样，多劳你亦会有很大机会成为"能者"。在职场上，率先主动是老板最为看重的一种职业素养。它能使人看起来充满干劲，使人变得更具挑战性，更加积极，无论你是一名管理者，还是普通职员，"每天多做一点"的工作态度，都能令你从竞争中脱颖而出。你的老板、委托人和顾客都会关注你、信赖你，从而给你带来更多的机会。

所以，那些聪明人大多会选择自觉自愿地去"多做"，虽然这样可能会占用他们一些休息时间，但他们知道，每天多做一点，自己就会与周围那些尚未行动的人形成鲜明对比，这已然在竞争中占据了优势。这种意识会使我们在任何一个领域、一个公司均获得大量的成长机会。

毋庸置疑，社会一直在发展，大多公司也一直在成长，个人职责范围也随之扩大。所以奉劝大家，不要总是以"这不是我的分内工作"为由，逃避责任，当额外的工作分配到我们头上，不妨将它视为一种机遇。

如果不是你的工作，而你做了，这就是一次机会。机会总是蕴含在难题之中。当顾客、同事或者老板交给你某个难题时，也许正是为你创造了一个珍贵的机会。对于职场人士而言，公司的组织结构如何，谁该为此问题负责，谁应该具体完成这一任务，都不是最重要的，最重要的是如何将问题解决。

所以，下一次，当顾客、同事和你的老板要求你提供帮助，做一些分外的事情，而不是让他人来处理时，愉快地接受吧！努力从另外一个角度来思考，譬如，"我就是这件事的责任人"，"帮助他们的同时，我也能学到东西"。

我们在工作中应形成这样的认识，每天多做一点，初衷或许不是为了获得报酬，但我们往往能够获得更多。

维斯布洛克一生的转折点是由一件小事情引起的。一个星期六的下午，一位律师走进来问他，到哪儿能找到一位速记员来帮忙——手头有些工作必须当天完成。

维斯布洛克告诉他，公司所有速记员都去观看球赛了，如果晚来5分钟，自己也会走。并表示自己愿意留下来帮助他，因为"球赛随时都可以看，但是工作必须在当天完成"。

做完工作后，律师问维斯布洛克应该付他多少钱。维斯布洛克开玩笑地回答："哦，如果是别人的工作，我当成是帮了一次小忙。既然是你的工作，大约800美元吧。"律师笑了笑，向维斯布洛克表示谢意。

维斯布洛克的回答不过是一句玩笑话，并没有真正想得到800美元。但那位律师并没有把它抛到脑后。6个月之后，在维斯布洛克已将此事忘到了九霄云外时，律师却找到了维斯布洛克，交给他800

美元，并且邀请维斯布洛克到自的己公司工作，薪水比现在高出 800 多美元。

放弃了自己喜欢的球赛，多做了一点事情，最初的动机不过是想帮人应急，而不是金钱上的考虑，但结果他不仅为自己增加了 800 美元的现金收入，而且为自己赢得一个比以前更重要、收入更高的职务。

一个聪明人，绝不会抱有"我不得不为别人做什么"的想法，而是时常在想："我能为别人做些什么?"平庸的人大多认为，踏踏实实做事、本本分分做人就可以了，但事实上这远远不够，尤其是对于那些谋求事业上更大发展的人来说更是如此。一个职场人士要想取得成功，就必须做得更多、更好。

倘若你是一名物流公司管理员，也许可以在自己的工作任务完成以后，仔细查看一下发货清单，或许你会发现一个与自己的职责无关的未被发现的错误。

如果你是一名速递员，除了保证信件能及时准确送达，也许可以做一些超出职责范围的事情……这些工作也许是专业技术人员的职责，但是如果你做了，就等于播下了成功的种子。

付出多少，得到多少，这是一个众所周知的因果法则。也许你的付出无法立刻得到相应的回报，这时不要气馁，应该坚持，应该一如既往。回报可能会在不经意间，以出人意料的方式出现。最常见的回报是晋升和加薪。除了老板以外，回报也可能来自他人，以一种间接的方式来表现。

多做一点不仅播下了你加薪或晋升的希望，而且你能从中学到更多，积累更多，以使自己更强大，走向更高的层次，而我们付出的只是一点时间，难道你觉得这不合算吗?

上司的心思你要猜

在职场上，我们除了兢兢业业以外，一定不要忘记察颜观色。它不但能够帮助你了解对方的真正意图，还能让你在今后的职场仕途上更加顺利。

有的时候上司想的未必就跟他说的一致，作为一个职场中人，要想抓住升迁的机遇，就必须要学会正确领会上司的意图，想上司之所想，做上司之所做。只有这样，你才能真正成为他心目中的头号升职人选。

当自己还很年轻的时候，我们总认为从别人嘴里说出来的话就是别人的真实想法，于是自己也坦言相告，做了那个最诚恳的傻瓜。然后在职场上历练几年，有些人还是不明白为什么对方说的话不是心里话。既然不是发自内心，为什么要说出来。如果你还有这样的疑问，说明你还没有彻底地成长，没有明白这个社会、这个职场的各项规则，如此这般下去，得不到升迁加薪的机会，绝对是一种必然现象。

我们必须让自己的思想成熟起来，面对领导的话也要学会领悟其中的弦外之音。真正的聪明人总是能够在第一时间猜透领导的真正意图，明白领导说这番话的真正动机。所以总是事能办到领导的意图里，话能说到领导的心坎上。

在日常生活中，待人处世也应做到知己知彼，"见什么人说什么话"，对不同的人运用不同的交往之道，随机应变，才能事事顺遂。

比如，在和领导相处时，就要根据领导的性格特点和其好恶，对自己的为人处世方式做一些必要的修正，以便迅速赢得领导的好感，建立起一定的感情。在此基础上，领导才会有兴趣深入了解和考察你的才干，并使你"英雄有用武之地"。

黄晓飞最近得到了一个可靠消息，那就是自己的经理准备提拔一个新人做自己手下的主管。这可是一个不错的机会，何况现在自己的业绩也还很不错，去竞争这个职位也不是说没有成功的可能，为此他工作更加努力了，每天都不停地加班加点，希望自己能在最终升任这一要职。

一次黄晓飞在加班，正好经理从他身边经过，看到他这么努力就关切地说："该休息还是要休息的，别累坏了自己。"然后又试探着问了他一些自己未来前途规划的问题。黄晓飞自信满满地将自己的发展规划说给经理听，并说自己计划在两年之内还要开拓自己职场的一个更好的发展前景。后来经理又跟他探讨了一些自己在管理方面的想法，没想到黄晓飞却有着自己不同的见解，他侃侃而谈，根本没有注意到经理这时候的表情。听了黄晓飞的想法，经理尽可能地保持微笑，然后频频点头，还说了一些鼓励他的话，这让黄晓飞觉得自己拿到主管这个位子已胜利在望。

一个月过去了，黄晓飞的业绩位居榜首。可是没想到的是，经理却没有选择他做自己手下的主管，而是选择了业绩平平的小张。这让黄晓飞很不服气。经过多方打听，黄晓飞才明白，原来经理是经过了四五年的打拼才坐到了现在的位置，他最大的希望是自己能够更稳固地在这个位置上坚持下去。由于黄晓飞的业绩太突出，让他感到了一种危机感，而且听了黄晓飞的豪言壮志以后，这种危机感也得到了证实。更何况当经理与他探讨一些管理方面的问题时，黄晓飞也总是提出很多反面意见，这让对方觉得今后合作难有默契。为了更好地保住自己的位子，也为了让自己今后的工作更加顺利，经理宁愿选择工作业绩不好不坏，但是却很听从指挥的小张作为自己的助手，这样一来自己不但可以稳坐钓鱼台，在工作上也不会有太大的损失。

了解到了这一切的黄晓飞，心中为之一震，他开始后悔自己没有领会上司的意图，如今这个哑巴亏只能无声无息地咽下去了。

尊重上司，理解上司，这是最基础的沟通工作。上司需要的下属，是一个尊重自己，站在自己的立场上，体会自己的心意，洞察自己真正需要的下属。所以，员工要尽量理解上司，才能真正得到上司的信任和重用。在与上司的交流和相处中，无条件执行并不表示没有个人看法，但是出于对全局的考虑，也不要干出彻底否定上级决策的事儿。因此，对上级的决策应在执行的过程中揣摩其意图，把握好掺入个人意见的分寸，从而达到预期的工作效果。了解上司的性格、工作方法和思维方式，不仅可以在实际工作中去揣摩，还可以通过各种途径，如单位聚会、与上司一同出差等机会与其交流，增进彼此了解，以便在工作中更好地配合领导的意图，提高工作效率。

其实，每个领导都希望自己的下属能够按照自己的意愿去办事，但是有些时候出于某种考虑，或是为了维护自己的公众形象，很多事情不好说出口而已。这时候作为下属，还是应该领会对方的意思，知道自己该做什么不该做什么。这是一门学问，也是一门艺术，它不是一味地溜须拍马，而是要你仔细地去观察了解上司的性格、脾气、爱好，即使做不到和上司"心心相印"，但至少也不会因为"哪壶不开提哪壶"而酿成无法弥补的错误。

你遮掩了上司的光辉吗

领导就是领导，如果身边的下属都比自己高明，那他还能领导谁呢？并不是每一个上司都那么开明，嫉贤妒能者大有人在。如果你想在这样的领导身边守住自己的饭碗，那么就要学会隐藏实力。

这个世界上没有人愿意接受自己没有别人聪明的现实。要不然三国时候的周瑜也就不会被气死了。所以作为一个职场人士，我们面对上司的时候一定要注意，尽管你能力很强，又聪明机智，但也千万不要表现得比上司还要高明。否则等待你的一定不是一个好的结果。

一般来说，一个精明的领导都会喜欢那些稍带几分本分的下属，因为是个领导就想维护自己的成绩和地位，不希望自己的部属超越甚至取代自己。生活中，我们常看到在人事调动中，如果某个领导分到一个有实力的下属，他就会忧心忡忡，担心对方会抢了自己的权位，因而在诸多事情上刁难下属；如果分到的是平庸无奇的，他就会很乐于去指点对方、帮助对方，因为他知道平庸的下属对自己是构不成什么威胁的。

大多数的人对于在运气、性格和气质方面被人超越并不会大动干戈，但是却没有一个人（尤其是领导者）愿意在智商上被人超越。因为智商是代表着一个人的人格特征，冒犯了它无异于犯下弥天大罪。当领导的总是要显示出在一些重大的事情上比其他人要高明。他喜欢有人辅佐，却不喜欢被人超过。如果你想向某人提出忠告，你应该显得你只是在提醒他某种他本来就知道不过偶然忘掉的东西，而不是某种要靠你解谜释惑才能明白的东西，此中奥妙亦可从天上群星的情况悟得：尽管星星都有光芒，却不敢比太阳更亮。

　　三国时期的杨修，在曹营内任行军主簿，思维敏捷，甚有才名。有一次建造相府里的一所花园，才造好大门的构架，曹操前来察看之后，不置可否，一句话不说，只提笔在门上写了一个"活"字就走了。手下人都不解其意，杨修说："'门'内添'活'字，乃'阔'字也。丞相嫌园门阔耳。"于是再筑围墙，改造完毕又请曹操前往观看。曹操大喜，问是谁解此意，左右回答是杨修，曹操嘴上虽赞美几句，心里却很不舒服。又有一次，塞北送来一盒酥，曹操在盒子上写了"一盒酥"三字。正巧杨修进来，看了盒子上的字，竟不等曹操说话自取来与众人分而食之。曹操问是何故，杨修说："盒上明书一人一口酥，岂敢违丞相之命乎？"曹操听了，虽然面带笑容，可心里十分厌恶。

　　杨修这个人，最大的毛病就是不看场合，不分析别人的好恶，只管卖弄自己的小聪明。当然，如果事情仅仅到此为止的话，也还不会有太大的问题，谁承想杨修后来竟然渐渐地搅和到曹操的家事里去，这就犯了曹操的大忌。

　　有一次，曹操让曹丕、曹植出邺城的城门，却又暗地里告诉门官不要放他们出去。曹丕第一个碰了钉子，只好乖乖回去。曹植闻知后，又向他的智囊杨修问计。杨修很干脆地告诉他："你是奉魏王之命出城的，谁敢拦阻，杀掉就行了。"曹植领计而去，果然杀了门官，走出城去。曹操知道以后，先是惊奇，后来得知事情真相，愈加气恼。

　　曹操性格多疑，生怕有人暗中谋害自己，谎称自己在梦中好杀人，告诫侍从在他睡着时切勿靠近他，并因此而故意杀死了一个替他拾被子的侍从。可是当埋葬这个侍从时，杨修喟然叹道："丞相非在梦中，君乃在梦中耳！"曹操听了之后，心里愈加厌恶杨修，于是开始找碴要除掉这个不知趣的人了。

不久，机会终于来了！建安二十四年（公元219年），刘备进军定军山，老将黄忠斩杀了曹操的亲信大将夏侯渊，曹操亲率大军迎战刘备于汉中。谁知战事进展很不顺利，双方在汉水一带形成对峙状态，使曹操进退两难，要前进害怕刘备，要撤退又怕遭人耻笑。一天晚上，心情烦闷的曹操正在大帐内想心事，此时恰逢厨子端来一碗鸡汤，曹操见碗中有根鸡肋，心中感慨万千。这时夏侯惇入帐内禀请夜间号令，曹操随口说道："鸡肋！鸡肋！"于是人们便把这句话当作号令传了出去。行军主簿杨修即叫随军收拾行装，准备归程。夏侯惇见了便惊恐万分，把杨修叫到帐内询问详情。杨修解释道："鸡肋鸡肋，弃之可惜，食之无味。今进不能胜，退恐人笑，在此何益？来日魏王必班师矣。"夏侯惇听了，非常佩服他说的话，营中各位将士便都打点起行装。曹操得知这种情况，极为气愤，大怒道："匹夫怎敢造谣乱我军心！"于是，喝令刀斧手，将杨修推出斩首，并把首级挂在辕门之外，以为不听军令者戒。

曹操的"鸡肋"、"一盒酥"及门中的"活"字等都是一种普通的智力测验，是一种文字游戏。他的出发点并不是真为了给大家出题测试，而是为了卖弄自己的超人才智，因此，他主观上并不希望有谁能够点破，只想等人来请教。在这种情况下，哪怕你猜着了，也只能含而不露。但是，杨修却毫不隐讳地屡屡点破了曹操的迷局。所以，他落得如此下场。

时至今日，虽然不会再出现历史上草菅人命的"暴君"，但刚愎自用、妒贤嫉能者却大有人在。有的人整日忧心忡忡，或害怕别人能力比他强，或担心别人运气比他好。就算你觉得自己的上司不会那么小气，但谁能保证他能够永远保持自己开明、公正、公平的良好作风呢？作为一个职场人，面对上司的时候，除了尊敬也要学会适当地掩盖自己的睿智，这是一种保全自己的好方法。在恰当的时候隐藏自己的实力，是一种明智的选择，否则就会像杨修那样最终落得一个被淘汰出局的下场。

在更多的时候，上司会提拔那些忠诚可靠，但表现可能并不是那么出众的下属，因为他认为这更有利于他的事业。中国有个古老的寓言，叫"南辕北辙"，意思是说，目的地在南方，但驾车的方向却对准了北方，结果跑得越快，离目标越远。同样的道理，如果上司使用了不忠诚的下属，这位下属就会同自己对着干或者"身在曹营心在汉"，那么这位下属的能力发挥得越充分，可能对上司的利益损害越大，因而对自己的前程越不利。

所以，善于处世的人，常常故意在明显的地方留一点儿瑕疵，让人一眼就看见他"连这么简单的事情都搞错了"。这样一来，即使你出人头地，木秀于林，别人也不会对你敬而远之，他一旦发现"原来你也有错"的时候，反而会缩短与你之间的距离。

其实，适当地把自己安置得低一点儿，就等于把别人抬高了许多。当被人抬举的时候，谁还有放不下的敌意呢？要知道，只有当他对别人谆谆以教的时候，他的自尊与威信才能很恰当地表现出来，这个时候，他的虚荣心才能得到满足。

常言道，伴君如伴虎。在上司面前，职场人最成熟的做法就是该表现的时候表现，不该表现的时候适当地愚笨一些。总而言之，要让上司感觉到他自己的权威和高明。

身在职场，要"通情达理"

不管世界怎样变换，也永远改变不了人与人之间存在感情的事实。要想让自己的职场之路走得更加顺畅，就一定要有能力和和谐

的人际关系，两手抓，两手都要硬。

很多人都认为职场是讲能力的地方，这个说法没有错，但也不完全正确，因为其忽略了重要的一点，那就是人与人之间的感情。如果把能力比作茶水，那么人情就是装茶水的杯子。只有茶水没杯子，无法解渴；光有杯子没茶水，废物一个。只有茶水和杯子俱备，才能真正为人所用。

我们应该已经不再是职场的新手，在这个风云变幻的工作环境下历练了这么长时间，能力也有了突飞猛进的提高。我们希望自己能有更好的发展，时刻关注着每一次晋升加薪的机会。也许这时候有些人会认为，只要自己能力过硬，得到这些都是迟早的事情，而事实上并非如此。

在职场竞技中你有没有遇见过这种情况，明明自己的能力比别人高，可是遇到升职加薪这样的事情时，领导却总是不会把你摆在第一位。尽管你在自己的工作上表现积极，但是有什么好事总是让别人抢了先。这时候不服气是必然的，你开始抱怨世道的不公平，开始觉得人心叵测。但你有没有想过，自己身上有没有什么问题呢？是的，职场的确需要能力，但不要忘记人也是讲感情的动物，只有把能力和感情统一起来，才能将自己的职场之路铺得更加平整、更有希望。

孟百灵这几天很生气，因为她感到被上司着实地耍了一把。

原来，孟百灵的单位最近正在搞岗位竞聘，按她的业绩和能力，再加上处长曾经好几次拍拍她的肩膀并意味深长地说"好好干"，孟百灵非常自信地认为这次竞聘副科长自己应该是三个手指捏田螺——十拿九稳的。为了参加这次竞聘，她也下了很大的功夫，尤其是竞聘会上的演讲那是相当精彩。这么优秀的人才不用岂不是地球的巨大损失？

然而意外还是发生了，孟百灵落选了。

"太黑暗了！这里头肯定有猫腻！"孟百灵愤愤地说。

"也不一定吧？你没被选上，人家选上了，就有猫腻？"朋友杨晓兰决定不再火上浇油，试着开导她说。

"论能力，论业绩，论演讲，她陈晓露哪样都不如我，她凭什么啊？肯定是背地里使了阴招，还指不定送了多少钱呢！"孟百灵看来是认准这里头有猫腻了。

"你事先找过你们处长，包括分管局长，乃至大局长聊过你想当副科长的事吗？"杨晓兰又小心翼翼地问道。

"我又不想给他们送礼，我找他们干什么？我凭的是本事，不想搞这些见不得人的事。"孟百灵有些不屑地说道。

孔子曰："不患无位，患所以立。"意思就是说，人身在职场的时候，不要担心自己没有位置，而要忧虑自己的能力能不能达到这个职位的要求。这话，虽然有着它一定的道理，但也并不是完全正确的。的确，要想在职场谋求更高的位子，我们必须要亮出自己的真本事，但我们千万不要忽略了感情在职场中的作用。孟百灵之所以会在职位的竞争中失败，缺的不是技能，也不是业绩，更不是因为没有给领导送大礼，而是缺了一份和上司之间的感情。

的确，职场是讲能力重结果的地方，但我们也不要忘记人都是有感情的动物。如果想在职场竞争中胜出，得到大多数人的拥护和认可，首先就要建立感情。不管是上司还是同事，都要以礼相待，平时多帮帮别人的忙，和大家相处融洽打成一片，相信在关键时刻一定能收获不错的效果。这个时代，有能力的人比比皆是，可是真正能够经营好人心的却还真的不多。作为职场人，只有把能力和感情两件事都做到家、做到位，才能为自己赢得更多的机遇和认可。

职场是讲情的，哪怕就是见面打一声招呼，相互之间给一个笑脸，都是在紧紧地维护着彼此的一个"情"字。作为社会的一个重

要组成部分，职场自然也不能例外。在职场中讲情，并不是一件见不得人的事，也没有必要刻意避之唯恐不及。

所以，如果我们想在自己的职场生涯中一展风采，就要表现出自己的亲和力，表现出自己谦虚谨慎的修为。不管自己的能力多么强，也要把感情做到位。要想在人群中以最快的速度胜出，没有别人的帮助和提携是办不到的。上司都很忙，你如果总是高傲地站在那里，一副不可一世的样子，没有人会跟在你屁股后面追着给你升职加薪。因此说，我们应该从现在开始就放低姿态，用微笑去面对身边的每一个人，不管是上司，还是同事；不管是脾气合得来的，还是合不来的。只要你把自己的情意尽到了，就会有人主动伸出援手；只要你把职场感情经营好了，就一定能够赢得更大的发展空间。如今这个社会讲求的就是一个综合实力，只有你将实力施到位，将感情送到家，便能在今后的发展之路上平步青云，越战越勇。

八、且看人家呼朋唤友，怎么你形单影只

　　有道是：在家靠父母，出门靠朋友。没有朋友你靠谁？可是，为何别人宾朋满座、觥筹交错，偏偏你就形单影只、黯然落寞？其实，你真应该好好审视一下自己，看看究竟是什么原因让你与别人产生如此大的距离。

自我隔离有没有

不开心时偶尔给自己一个独处的空间无可非议，但是不要将这种行为长久延续下去。我们应该敞开胸怀接受这个世界的精彩，接受身边人的爱与关怀。不要再担心，不要再恐惧，要相信自己的实力，也要相信别人的善良，这个世界上的好人很多，这个世界上的好事也是不少的。

你有没有自我隔离？

其实，只要你愿意打开窗，就会看到外面的风景是多么绚烂；如果你愿意敞开心扉，就会看到身边的朋友和亲人是多么友善。人生是如此美好，怎能在自我封闭中自寻烦恼？我们活着，永远要追寻太阳升起时的第一缕阳光。当我们真正卸掉了自闭这道心灵的枷锁，当我们用愉悦的心情迎接美好的未来，你就会发现一个不一样的世界，一个处处充满友善和温暖的环境。

不知道为什么，我们开始对外面发生的事情心怀恐惧，不愿意与别人沟通，不愿意了解外面的事情，将自己的心紧紧地封闭起来，生怕受到一点伤害。其实，世界并没有我们想象中的那么可怕，外面的空气很新鲜，外面的世界也很精彩，而你身边的人也不一定都是机关算尽的恶人。如果你能够有勇气走出封闭的阴霾，向身边的人敞开心扉，你就能在人们的一张张笑脸中找到属于自己的精彩。

一个封闭自己的人，他的心永远找不到属于自己的快乐和幸福，尽管那一切美好的东西尽在眼前，但是如果你不打开那道封闭的门走出去，那么你将什么也得不到。人生是短暂的，我们需要三五知己，需要去尝试人生的悲欢离合，这样我们的人生才称得上是完整的。我们没必要在自我恐惧中挣扎，更没必要过于小心翼翼地活着，想去做什么就去做，想去说什么就去说，这样心情才会愉悦起来，生活才不至于因为自闭的单调而失去意义。

自闭性格的人经常会感到孤独。有些人在生活中犯过一些"小错误"，由于道德观念太强烈，导致自责自贬，看不起自己，甚至辱骂、讨厌、摒弃自己，总觉得别人在责怪自己，于是深居简出、与世隔绝；也有些人非常注重个人形象的好坏，总觉得自己长得丑，这种自我暗示，使得他们十分在意他人的评价及目光，最后干脆拒绝与人来往；有些人由于幼年时期受到过多的保护或管制，内心比较脆弱，自信心也很差，只要有人一说点什么，就乱对号入座，心里紧张起来。

自闭性格总是给我们的生活和人生带来无法摆脱的沉重的阴影，让我们关闭自己情感的大门。没有交流和沟通的心灵只能是一片死寂，一定要打开自己的心门，并且从现在开始。

自闭性格的人，需要改变自己。

第一，要乐于接受自己。有时不妨将成功归因于自己，把失败归结于外部因素，不在乎他人说三道四，乐于接受自己。

第二，要提高对社会交往与开放自我的认识。交往能使人的思维能力与生活功能逐步地提高并得到完善；交往能使人们的思想观念保持新陈代谢；交往能丰富人的情感，维护人的心理健康。一个人的发展高度，决定于自我开放、自我表现的程度。克服孤独感，就要把自己向要交往的对象放开，既要了解他人，又要让他人了解

自己，在社会交往中确立自己的价值，实现人生的目标，成为生活中真正的强者。

第三，要顺其自然地去生活。不要为一件事没按计划进行而烦恼，不要对某一次待人接物做得不够周全而自怨自艾。假如你对每件事都精心对待以求万无一失的话，你就不知不觉地把自己的感情紧紧封闭起来了。

应重视生活中偶然的灵感与乐趣，快乐是人生的一个重要标准。有时让自己高兴一下就行，不要整日为了达到目的、为了解决一项难题而日夜奔忙着。

第四，不要为掩饰真实的感情刻意去梳妆打扮。如果你与你的挚友分离在即，你就让即将涌出的泪水流下来，而不要躲到盥洗室去，因为怕对方知道而把自己身上最有价值的一部分掩饰起来，这种做法是没有任何意义的。

请看下面这样一个故事：

一个女孩儿，总觉得自己不漂亮，所以一直因为自卑封闭着自己的心，觉得自己事事不如别人，她不敢跟别人说话，不敢正视对方的眼睛，生怕被别人嘲笑自己的丑陋。直到有一天圣诞节快到了，妈妈给了她3美元，允许她到街上去买一样自己喜欢的东西。于是她走出了家门，来到了街市上。看着街市上那些穿着入时的姑娘，她心里真的很羡慕。忽然她看到了一个英俊潇洒的小伙子，不由得心动了，可是转念一想，自己是如此的平凡，他怎能看上自己呢？于是她一路沿着街边走，生怕别人会注意到她。

这时候，她不由自主地走到了一个卖头花的店铺门前，老板很热情地招待了她，并拿出各种各样的头花供她挑选。这时候，这位长者拿出了一朵金边蓝底的头花戴在了女孩儿的头上，并把镜子递

给她说："看看吧，戴上它你现在美极了，你应该是天底下最配得上这朵花的人。"女孩儿站在镜子前，看着镜子里那美丽的自己，真的有说不出的高兴，她把手里的3美元塞进了老板的手里，高高兴兴地走出商店。

女孩儿这个时候心里非常高兴，她想向所有人展示自己头上那朵美丽的头花，果然，这时候很多人的目光都集中在了她的身上，还纷纷议论："哪里来的女孩儿这么漂亮？"刚刚让她心动的男孩儿，也走上前对她说："能和你做个朋友吗？"这时候的女孩儿异常兴奋，她轻轻捋顺了一下自己的头发，却发现那朵蓝色的头花并不在自己的头上，原来她在奔跑中把它搞丢了。

生活当中有很多事都是这样的，我们刻意地封闭自己，认为自己一无是处，认为自己很多事情都拿不出手。但是如果有一天你真的打开了封闭已久的那扇心门，遵从自己的心，听取自己心灵的声音，你就会发现原来自己还有那么多连自己都没有意识到的优秀特质。它一直都在我们身上，只不过我们因为封闭自己太久而没有将它很好地利用，而现在我们终于可以靠着这些优点快快乐乐地去生活了。

自闭性格是心灵的一把锁，是对自己融入群体的所有机会的封闭，自闭性格不仅会毁掉自己的一生，也会让周围的朋友、亲人一起忧伤。总而言之，自闭性格会葬送人们一生的幸福。所以，我们应该勇敢地从自闭的阴霾中走出来，去享受外面的新鲜空气、外面的明媚阳光。在这个生活节奏不断加快的当代社会中，我们一定要走出自闭性格的牢笼，走入群体的海洋。只有这样，才能找到真正属于自己的那份自信、幸福和快乐。

小我情结有没有

人活着，不能太孤独，我们需要为自己缔造一个精彩的世界，所以请走出你的"小我"情结，不要再缱绻、徘徊、忧郁下去了。用一颗宽容之心去爱这个世界，做一个身心健康的"完整"的人。

生活中，时常见到一些斤斤计较的人，他们即便是在市场买菜，也会因为一角钱互不相让，讨价还价个没完。婆媳之间你吃亏、我占便宜，日子似乎都在这些毫无意义的琐事上你争我嚷地消磨下去，永远都在争长短，又永远都争不出长短。

其实，我们不但要走出生活中的"小我"，还要走出心灵中的"小我"。一些天性敏感的人，时时徘徊在敏感的旋涡里。今天领导的一个神色不对，明天人家的一句失语，都会使他们不停地探究下去，纠缠在心灵之网中，仿佛受到了极大的伤害。总之，无论发生了何事，都会在他们心里无限扩大，从而引起心灵的强烈震动，并以各种发泄渠道表现出来。

那么，我们心灵中的这种"小我"是如何形成的呢？

爱克哈特说："'小我'的灵魂必然使自己死掉。"许多人的内心深处都有一个紧缩着的"小我"，无论有任何异动，"小我"都能首先做出反应，并以自我保护为出发点产生阻抗心理，心理反应严重的还会将其泛化，表现为性情孤僻、自我贬值，有的则喜怒无常，行为乖张。

其实那个紧缩的"小我"不过是人们心灵深处的无常而短暂的感觉罢了，并不是一个真实的、坚固的实体。如果我们明白了"小

182

我"竟然是这么地"空无",就会停止认同它、护卫它、担忧它。如此一来，我们就摆脱了长久以来的痛苦和不快乐。

人的情绪不是由于某一件事情直接引起的，而是因为经受了这一事件的人对事件的不正确的认识和评价，形成了某种信念，在这种信念的支配下，导致了负面情绪的出现。与魔鬼搏斗的人，应当留心这个过程中自己不要变成魔鬼；当你长久注视情绪的深渊时，深渊也正在注视着你。有人说，对一点小事就做出强烈的反应是说明内心深处受到过极大的伤害，所言尤是。由于经历中的一些事件对自我造成过很大的伤害，使自我的一部分与周围割裂从而迷失或紧缩起来，这让人们的神经时时处处紧绷着，生活变成了一场承受与抗争。

还有一种敏感心理的生成来自于人们天然的对于真爱的向往。由于人们非常渴望被关心、关注、关爱，所以常常是身边的朋友一个微笑、一个眼神、一句关心甚至只是一句很平常的话语都会引起我们很大的情绪波动，以至于夜不能寐，浮想联翩。这种表现常常来自于童年时缺乏爱的经验，或者是成长中的情感创伤。所有这些经历使得我们更加强烈地需要寻找一位能够给我们带来安全感的伴侣，以冲淡个人生存所带来的恐惧感。

其实真爱是令人心痛的，真爱能让人超越自我，全然脆弱、开放，因此有时真爱也能带来彻底的毁灭。事实上，我们的不安全感既然是来自于我们的内心，也就是心灵中分裂的自我在做祟，没有谁能够带给我们真正的安全感，我们如果抱着这种心理去寻找爱情，那么伤害将永无止息。其实我们每个人都有自治的能力，探索心灵深处的自我，倾听内心深处的声音，让那些被压抑着的情绪自然地流淌出来，不管是愤怒、忧伤，还是痛苦、恐惧，当你慢慢学会接受它们，使之成为你自身的一部分，某些改变就会跟着发生，此时你自身就是你极大的

安全感，自身就会带给你极大的爱的自足。只有我们有足够的能力去爱自己、爱别人，我们才真正地成长与成熟起来。

在现实生活中，我们要想走出内心深处的"小我"，有以下几点可供参考。

首先，扩大自己的社交范围，广交朋友。广泛的社交范围有助于淡化人的敏感心理，使身心更加健康地发展。同时，不同的交往类型也可以提供给我们不同的生活经验，它们能在不知不觉间修正我们自身对事物的褊狭看法，使我们变得更加开朗，不拘小节。

其次，不断求知，从书本中汲取营养。书本中有很多的人情世故，我们在阅读的时候，也就如身临其境，领悟到什么是生活中值得尊重和珍惜的东西。由此，我们会真心地对待自己，诚意地对待别人，让生活的每一天都充满宁静。一本好书犹如一所好学校，它教会人用淑雅宽仁去面对世间的一切，远离庸俗和琐屑，它让我们懂得，"富贵而劳瘁，不若安闲之贫困"的真正含义。

最后，我们要培养博爱情怀。我们爱自己，才能原谅和接受自己的不完美；爱他人，才会从对方的角度考虑事情，多一份谅解和宽容；爱这个世界，才能在内心深处充满感恩和赞美，使生命更加趋向完满。

唯我独尊有没有

人们可以容忍很多事情，但不会容忍自大。不管怎样，我们应收敛起那份唯我独尊的霸气，以谦卑、真诚之心去经营生活。不管昨天有多么大的成就，那也不过是过眼烟云而已。当我们在这条道路上走得越来越淡定，越来越从容，就一定会收获到人生的那份释然。

　　这个世界缺了谁都会照样精彩，这个地球没了谁也不会停止转动。不管你的事业多么成功，不管你把事务处理得多么井井有条、服服帖帖，都不要过高地估量了自己的位置。所以不管未来会经历什么，还是让我们怀着一颗谦卑的心，要知道这个世界不支持唯我独尊的思想，如果你一味地自得于自己的强大，那么总有一天你会在自我陶醉中体味到跌落谷底的痛苦。

　　人到了一定岁数，无论是事业，还是财力，都有了不少的积累，这让我们很骄傲和自豪。随着职位在不断地上升，我们的家庭地位可能也得到了提升。这让我们觉得自己真的很重要，有些人甚至觉得，公司一旦没有了自己就不能正常运转，家里如果没有自己撑着，一定会是一团糟。其实，事情有的时候并不像我们想象的那样，这个世界没了谁都不会受到什么影响，如果有一天我们中的谁消失了，地球还是会该怎么转就怎么转。尽管有时老板总是夸奖你精明能干，但是有一天你离开了，他的公司大概也不会受到什么太大的影响。如果你觉得家里没有你的照顾就会乱七八糟，那不如就做个试验，消失两天看看，当你重新推开家门的时候，或许你就会发现，原来家人的生活可以说是井井有条，甚至多了几分轻松自在。

　　当然，这不是说我们在这个世界上从此就没有价值了，只是顺便给大家提个醒，当你看到天空辽阔的时候，就想想自己的渺小，当你站在川流不息的人群中时，就想想自己的平凡。是的，即便你认为自己再强大，我们也不过只是个普通人，平平淡淡地生活，开

开心心地过日子才是我们追求的目标。我们没有必要一定要把谁压过去，更没有必要端出一副没有我不行的架势。面对人生，谦卑是福，只有懂得谦卑的人，才能在这个世界上不断前进，不断地寻找到属于自己的人生价值。因为我们知道，自己的思想不是什么时候都正确，有些时候过分的自信是一种自负，它总是会把我们引向偏离正确轨道的另一个世界。

爱迪生说："有许多事我以为是对的，但是实验之后，我却错了，因此无论对任何事我都没有一种很自信的判定，如果某事临时让我觉得不对，我便可以马上抛弃。"一个人要具有随时能改变自己错误判断的勇气，这样才能使自己少犯错误。

不要说太过自信的话，这是一条很重要的交际原则。假如你能坚持这一条原则，即使将来发现你曾经说过的话有错误时，也不必收回。你应该知道：你所表达的意思或信仰，毕竟还只是你个人的意见和信仰而已，而他人也还保留着他自己的意见与信仰，并且拥有取舍的权利。做到这一点，他人自然不会盯着你的错误不放，而你也不必为自己的面子而坚持错下去，这样一来，自然就避免了陷入唯我独尊的尴尬境地。

如果你的意见所依据的证据越不牢靠，就越容易导致武断和自以为是。过度的肯定，无非是想遮掩对自己意见的些许疑惑。假如你能够摆脱这种想法，就会养成"我和别人是平等的，我不应该用命令式而应该用协商式去和别人相处"的好习惯。

一位著名的心理学家曾经说过，男人和女人都不过是长大的小孩儿。

生理年龄无论有多大，也不可能事事都处理得娴熟自如，大人也会犯和小孩儿同样的错误。因此，人们在有些交际场合中，无意间失误是常有的事。有时不妨"有意破坏"一下自己的形象，拿自己开个玩笑，或"揭自己的短"，或许反而能够赢得别人的喜爱，同时，还可以调节一下气氛，让别人觉得你平易近人。

在日常生活中，我们如果抛弃了唯我独尊，会得到意想不到的好处；而凡事逞强好胜的人，则往往不会受到欢迎。那些姿态高的"强人"们往往由于缺少人情味而让人们敬而远之，正所谓"人外有人，天外有天"，谁也不可能一直是常胜将军。自负的人习惯沉浸于虚无的胜利幻想中，他们往往因为一次的成功就自我满足，眼前闪现的永远是早已逝去的鲜花与掌声。他们把别人给予他们的荣誉看作是理所当然的，不能静下心来想一想自己做了些什么，收获了什么。总认为曾经的成功能长久，总认为他人一直会甘拜下风。因此，他们自视清高、目中无人，更有甚者非但自己不思进取，还伺机嘲讽别人的努力，最终会因无法承受长期形成的心理压力，导致心理的扭曲。

唯我独尊的人往往把自己看得很重，在他们的视野内，没有人可以与自己相提并论。不可否认，在此其中很多人确实有才华、有能力，但是他们目空一切、容易自满，于是不求进取，最终导致了人生的失败。可以说，恃才傲物是他们的显著特征，他们孤芳自赏，不愿与人交流，故步自封，最后难免导致悲剧性结局。

当今时代的竞争就是性格的竞争，具有唯我独尊性格的人即使才华满腹，如不知克服性格缺点的话，也很难成功。我们只有坚定地采取谦卑的态度去经营自己的生活，经营自己的人生，才能搬开前进道路上由自己设置的那颗过于"自我"的绊脚石，才能更和谐地和大家相处在一起，才能真正拥有属于自己的那份从容和幸福。

摆臭架子有没有

别以为摆架子能够为你赢得更多的尊重，相反，它很可能把你打造成一个可怜兮兮的孤家寡人。要想在社交这条路上走得更顺利，我们一定要学会做一个有谦和精神的人。所以，还是先放下你那摆了很久的架子吧！当你真正放低姿态去面对身边的每一个人时，你一定会收获更多的友谊与微笑。

有些人，生怕别人看不起自己，所以总在人前摆着一副高傲的架子。却不知越是这样，别人越会对他皱起眉头。其实，在与他人交往的过程中，大家还是喜欢和那些谦虚谨慎、随和友善的人做朋友。作为一个成熟的人，我们一定要克制住自己内心的那种自命不凡的高傲。因为只有放下架子，你才能看到这个世界上最真实的自己，才能够得到更多人的认同和友谊。

五代时，骁将王景有勇无谋，凭一身武艺为梁、晋、汉、周四朝效力，做到了节度使，宋初被封为太原郡王，死后被追封岐王。他的几个儿子也和他一样，除骑射之外别无所长。大儿子王迁义跟随宋太祖打天下，功不大，官不高，却自以为了不起，好夸海口，经常抬出他父亲的大名来炫耀，逢人便宣称"我是当代王景之子"。人们听着好笑，都称他为"王当代"。

这样的人在现实生活中还是经常能看到的。具有骄矜之气的人，大多自以为能力很强，很了不起，做事比别人强，看不起别人。由于骄傲，他们往往听不进别人的意见；由于自大，他们做事专横，轻视有才能的人，看不到别人的长处。

其实很多人都爱在人前摆摆架子，让人觉得自己是有身份的人，很有学问也很有能力。这种高高在上的感觉让他们很有成就感，却不知自己的自得给对方带来了一种很不舒服的感觉。尤其在第一次见面的时候，过分地抬高自己，会让对方备感压抑，结果可想而知，人家一定会对你敬而远之，想进行更深一步的交流绝对是不可能的。

要想和别人交朋友，首先就要懂得放下自己的架子，用谦卑的心去接近对方，感动对方。即便自己很优秀，也要表现出还有很多地方要向对方学习的姿态。只有这样，交谈的氛围才能更加和谐，你也更容易靠近对方的心灵。毕竟，这个世界上没有任何一个人喜欢跟自视清高、自以为是的人打交道。

据说有一位外国人早晨路过一个报摊，他想买一份报纸却找不到零钱。这时他从报摊上拿起一份报纸，扔下一张10元钞票漫不经心地说："找钱吧！"报摊上的老人很生气地说："我可没工夫给你找钱。"从他手中拿回了报纸。这时又有一位顾客也遇到类似的情况，然而他却聪明多了。只见他和颜悦色地走到报摊前对老人笑着说："您好，朋友！您看，我碰到了一个难题，能不能帮帮我？我现在只有一张10元的钞票，可我真想买您的报纸，怎么办呢？"

老人笑了，拿过刚才那份报纸塞到他手里："拿去吧，什么时候有了零钱再给我。"

第二位顾客之所以会成功地拿到报纸，就是因为他付出了一份尊重，所以打动了人心，尽管他没付一分钱，却得到了报纸（当然，有了零钱还是要付的），这是因为人与人之间的关系不能仅仅用金钱来衡量。

按理说，第一位顾客也是愿意付钱的，但是他却没有意识到，由于自己没带零钱会给售报的老人带来找零钱这样不必要的麻烦，也就是说在除了报纸的价值之外，老人还必须向他提供额外的服务。而第二位顾客却清楚地意识到了这一点，并且特别为这一点向老人表示了自己的歉意和感激，而且非常有礼貌和涵养。这种礼貌和尊重使气氛变得十分友好和谐，接下来的协商也会就这样很顺利地完成了。

简简单单买一份报纸，在很多人眼里都是一件很平常的事情，但是就是从这样一个很平常的事情中，我们就可以看出放低姿态对于一个人来说会收到多么大的效果。它能够拉近人与人之间的距离，能够让彼此的交谈更加融洽和谐，还可以在进一步的沟通中达到自己的目的。这就是社交的艺术，你没有必要一味地摆出一副高傲的架子，放下它，也许你将会得到更多。

宋忠友不久前去参加一个非专业性会议，到会60多人，没人认识他这个处级干部，也没人理他。他自己由于当了几年官，已经养成了让别人找自己搭话、围着自己转的习惯，当然不会主动去找别人聊天。结果游玩时，别人成群结队，有说有笑，玩得很开心，而他却独自一人，玩得很乏味。宋忠友这时候才想到，自己真的很少找别人聊天，天天又板着一副面孔，别人当然不会与自己结交。意识到这一点后，他就主动找别人聊，会议结束时也交了几位朋友。

越是摆架子，挖空心思地想得到别人的崇拜，你越不能得到它。能否获得别人的崇拜，取决于你值不值得别人尊重，有无虚怀若谷的胸襟。

身处的职位越高，越要求你具备相应的威严和礼仪，不要摆架子，扮"黑脸"，"翘尾巴"。即便是国王，他之所以受到尊敬，也是由于他本人当之无愧，而不是因为他的那些堂而皇之的排场及其身份、地位。

真正有骨气的人并不看重自己手中的权力和财富，也不看重那些虚无缥缈的名利；而是用这些权力和财富去为更多的人造福，为更多的人提供便利。架子与权力和金钱无关。一个只会靠端架子摆威风树立自己威信的人，那他最终只能成为一个孤家寡人，越活越辛苦，越活越没有意思。

脾气太坏，怎招人爱

人类的美不仅仅体现在外表，还体现在我们的修养上。如果你始终无法克制自己的坏脾气，它很有可能在你人生最关键的时候给你带来毁灭性的影响。毫无疑问，我们应该是最了解自己的那个人，无须过多的劝解，无须过多的证明，相信你一定知道，克制自己的坏脾气对于人生的意义是多么重要。

坏脾气总是会把我们的生活搞得一团糟，它不单单对你的心情会有影响，还有可能会影响到你与朋友之间的友谊，与家人之间的和睦，甚至改变你一生的走向。怎么说我们也已经是个成年人了，我们不能再像个孩子一样任性撒泼，我们应认识到，被情绪所左右会给我们的人生带来多么严重的后果。所以，从现在开始，好好克制住你的坏脾气吧，不要因为一时的冲动，毁了自己一辈子的快乐生活。

　　那么借问一句，你是不是一遇到事情就紧锁眉头，动不动就火山爆发，经常会让身边的人大跌眼镜？不要觉得好笑，这种现象我们当中还真不是少数，它经常会在没有事先预料的情况下爆发出来，除了身边的人会因此对你敬而远之以外，还很有可能让你失去很多机会，甚至还会影响到你今后的快乐人生。

　　生活不可能平静如水，人生也不会事事如意，人的感情出现某些波动也是很自然的事情。可有些人往往遇到一点不顺心的事便火冒三丈，怒不可遏，乱发脾气。结果非但不利于解决问题，反而会伤了感情，弄僵关系，使原本已不如意的事更加雪上加霜。与此同时，生气产生的不良情绪还会严重损害身心健康。

　　美国生理学家爱尔马通过实验得出了一个结论：如果一个人生气 10 分钟，其所耗费的精力，不亚于参加一次 3000 米的赛跑；人生气时，很难保持心理平衡，同时体内还会分泌出带有毒素的物质，对健康十分不利。

　　虽然人人都有不易控制自己情绪的弱点，但人并非注定要成为自己情绪的奴隶或喜怒无常心情的牺牲品。当一个人履行他作为人的职责，或执行他的人生计划时，并非要受制于他自己的情绪。要相信人类生来就要主宰、就要统治，生来就要成为他自己和他所处环境的主人。一个心态受到良好训练的人，完全能迅速地驱散他心头的阴云。但是，困扰我们大多数人的却是，当出现一束可以驱散我们心头阴云的心灵之光时，我们却紧闭着心灵的大门，试图通过全力围剿的方式驱除心头的情绪阴云，而非打开心灵的大门让快乐、希望、通达的阳光照射进来，这真是大错特错。

　　我们是情绪的主人，而不是情绪的奴隶。

　　著名专栏作家哈理斯和朋友在报摊上买报纸时，那朋友礼貌地

192

对报贩说了声"谢谢"，但报贩却冷口冷脸，没发一言。"这家伙态度很差，是不是？"他们继续前行时，哈理斯问道。"他每天晚上都是这样的。"朋友说。"那么你为什么还是对他那么客气？"哈理斯问他。朋友答道："为什么我要让他决定我的行为？"

一个成熟的人握住自己快乐的钥匙，他不期待别人使他快乐，反而能将快乐与幸福带给别人。每个人心中都有把"快乐的钥匙"，但乱发脾气的人却常在不知不觉中把它交给别人掌管。我们常常为了一些鸡毛蒜皮的事情或者无伤大雅的事情而大动肝火，当我们对着他人充满愤怒地咆哮着的时候，我们的情绪就在被对方牵引着滑向失控的深渊。

有这样一个故事：

从前有个脾气很坏的男孩，他的爸爸给了他一袋钉子，告诉他：每次发脾气或者跟人吵架的时候，就在院子的篱笆上钉一根钉子——第一天，男孩钉了 37 根钉子。后面的几天他学会了控制自己的脾气，每天钉的钉子也逐渐地少了。他发现，控制自己的脾气，实际上比钉钉子要容易得多。

终于有一天，他一根钉子都没有钉，他高兴地把这件事告诉了他的爸爸。爸爸说："孩子，从今以后如果你一天都没有发脾气，就可以在这天拔掉一根钉子。"日子一天一天地过去了，最后，钉子全被拔光了。爸爸带男孩来到篱笆边上，对他说："儿子，你做得很好，可是看看篱笆上的钉子洞，这些洞永远也不可能恢复了——就像你和一个人吵架，说了些难听的话或伤害对方的话，你就在对方的心里留下了一个伤口。就像这个钉子洞一样，插一把刀子在一个人的身体里，再拔出来，伤口就难以愈合了，无论你怎么道歉，伤口总是在那儿。"

　　看了上面的这个故事，你一定感慨良多，想想我们的坏脾气给自己的生活带来了多么大的麻烦吧！当你用一张死板的面孔面对自己的同事和下属的时候，当你用不耐烦的口气挂断父母的电话的时候，当你回到家对自己的家人大吵大嚷的时候，他们都将会以怎样的心情承受坏脾气带来的不良氛围呢？如果长此以往下去，你一定会变成一个不受欢迎、被别人敬而远之的人。因为别人也是人，别人也同样有自己的脾气，没有人能够永远地去包容你的坏脾气，更不会有人能长时间地去容忍因为你的坏脾气给自己带来的麻烦。

　　所以，我们应该努力管理好自己的情绪，以豁达开朗、积极乐观的健康心态去工作、去生活，而不是让急躁、消极等不良情绪影响到我们自己和自己身边那些最爱我们的人。我们不要让自己的情绪影响自己的心情，更不要让自己的坏脾气影响到别人的心情。毫无疑问，我们应该成为自己情绪的主人，这样才能营造一个健康快乐的人生。

别把指责挂嘴上

　　我们没有必要总是指出对方的错误，以此显示自己的聪明。从古至今指责别人的人往往都没有好的结果。与其让彼此都不快乐，为什么不采取另外一种处世策略呢？如果你想要获得人们对你的赞同，那你一定要记住这句话："尊重别人的意见，永远别随意指责对方是错的。"

与人打交道，对一些事情产生分歧和矛盾是很正常的事情。这时候，若是一个明智的人，就不会随意指责任何人。尽管你已经知道事情的整个过程，尽管你坚信自己的判断是正确的，但也要展现出自己成熟的风度。这是我们必须遵守的做人原则，因为那个动不动就翻脸的年代已经不再属于你了。

　　年少时，我们会因为与对方发生争执而相互指责，你认为你是对的，他认为他是对的。就这样，两个人互不让步，甚至恶语相向，既影响到了彼此的心情，也给彼此的自尊心带来伤害。长大以后，我们的心境平稳了很多，不管发生了什么事情，都要记得自己是为了更好地解决问题而来的。就算与对方发生了分歧甚至争执，也一定要学会以礼待人，做一个明智而文雅的人。这不但代表着你已经步入成熟，也向对方展现了你理智的一面，这样的行为对于我们来说绝对是非常重要的。

　　人的本性就是这样，无论他做得有多么不对，他都宁愿自责而不希望别人去指责他。别人是这样，我们也是这样。在你想要指责别人的时候，你得记住，指责就像放出的信鸽一样，它总要飞回来的。要记住，指责不仅会使你得罪了对方，而且也使得他一定会反过来指责你。即使是对下属的失职，指责也是徒劳无益的。如果你只是想要发泄自己的不满，那么你得想想，这种不满不仅不会为对方所接受，而且还会为你树立一个敌人；如果你是为了纠正对方的错误，那为什么不去诚恳地帮助他分析原因呢？

　　手段应当为目的服务，只有怀有不良的动机，才会采用不良的手段。许多成功者的秘密就在于他们很少指责别人，从不说别人的坏话。面对可以指责的事情，你完全可以这样说："发生这种情况真遗憾，不过我相信你肯定不是故意这么做的，不过为了防止今后再

有此类事情发生，我们最好分析一下原因……"这种真心诚意的帮助，远比指责的作用明显而有效。

另外，对于他人明显的谬误，你最好不要直接纠正，否则会好像你故意要显得高明，因而伤了别人的自尊心。在生活中一定要牢记，如果是非原则之争，要多给对方以取胜的机会，这样不仅可以避免树敌，而且也许已使对方的某种"报复"心理得到了满足，于己也没有什么损失。口头上的牺牲有什么要紧，何必为此结怨伤人？对于原则性的错误，你也得尽量含蓄地进行示意。既然你原意是为了让对方接受你的意见，何必用伤人的举动来凸显自己呢？

如果你能确定，在你一整天55%的时间是对的，你离成功已经不远了。如果你不能确定，你一天中55%的时间是对的，你凭什么要指责人家的错误呢？

你可以用神态、声调或是手势，告诉一个人他错了，这样就像我们用话语一样地有效……而如果你告诉他错了，你以为他会感激你吗？不，永远不会！因为你对他的智力、判断、自信、自尊，都直接地给予强有力的打击，他不但不会改变自己的意志，而且还想对你进行反击。如果你运用柏拉图、康德的逻辑来跟他理论，他还是不会改变自己的意志的，因为你已伤了他的自尊。这时候你千万别说："你不承认自己有错，我证明来给你看。"你这话，等于是说："我比你聪明，我要用事实来纠正你的错误。"那是一种挑战，会引起对方的反感，不需要等你再开口，他就已经准备接受你的挑战了。即使你用了最温和的措辞，要改变别人的意志，也是极不容易的，何况处于那种极不自然的情况下。

假如由于你的过失而伤害了别人，你得及时向人道歉，这样的举动可以化敌为友，彻底消除对方的敌意。说不定你们今后会相处得更好。既然得罪了别人，当时你自己一定得到了某种发泄，与其等待别人的"回泄"——不知何时飞出一支暗箭，远不如主动上前致意，以便尽释前嫌，演绎流传千古的"将相和"。

为了避免树敌，还有一点需要特别注意，这就是与人争吵时不要非得争上风不可。请相信这一点，争吵中没有胜利者。即使你口头胜利了，但与此同时，你又树立了一个对你心怀怨恨的敌人。争吵总有一定原因，总为一定的目的。如果你真想使问题得到解决，就决不要采用争吵的方式。争吵除了会使人结怨树敌，在公众前破坏自己温文尔雅的形象外，没有丝毫的作用。如果只是因为日常生活中观点不同而引发争论，就更应避免争个高低。如果你一面公开提出自己的主张，一面又对所有不同的意见进行抨击，那可是太不明智了，这样会致使自己被孤立并成为众人的仇恨对象。如果你经常如此，那么你的意见再也不会引起别人的注意。你不在场时别人会比你在场时更高兴。你知道的这么多，谁也不能反驳你，人们也就不再反驳你，从此再没有人跟你辩论，而你所懂得的东西也就不过如此，再难以从与人交往中得到丝毫的补充。因为辩论而伤害别人的自尊心、结怨于人，既不利己，还有碍于人而使自己树敌，这实在不是聪明的做法。

"多个朋友多条路，多个敌人多堵墙"，生活中你要注意尽量避免树敌，更不要做因指责别人而得罪人的蠢事。我们应该成熟了，为了自己今后的路能够走得更加顺畅，还是要在尊重他人的角度上思考问题，指责的话还是少说为妙。

将抱怨留在心里

有句话说得好："你怎样对待生活，生活就会怎样对待你。"同样的生活，可以是抱怨的，也可以是快乐的，这要看你的态度。停下抱怨，享受生活，关爱别人，善待自己，这才是我们该做的事情。

抱怨这种毛病在很多人身上都有体现。年幼时，我们抱怨自己的玩具没有其他小朋友多；上了学，我们又抱怨老师偏向谁；再大一点，我们开始抱怨衣服没有人家的漂亮；然后呢，抱怨自己的老婆不如别人的漂亮、抱怨自己的老公不如别人有出息、抱怨工作不尽如人意、抱怨领导不公平……总之，我们一直在抱怨这、抱怨那……但抱怨并没有使事情发生改变，反而让我们活得越发不快乐。

成熟的人应该明白，这世间从来没有绝对公平的事情，儿时我们抱怨是因为不懂事，此时我们抱怨或许是出于本能，但至少有一点我们需要注意——抱怨总要分个场合地点。倘若不管何时何地，无休止地唠叨个没完，那么很有可能会毁掉你辛苦建立起来的形象，乃至令你之前所做的努力全部毁于一旦。

其实日常生活中，许多不够聪明的人在感到自己遭受不公平待遇时，就立刻会表现出不满、愤怒的情绪，甚至会暴跳如雷，破口大骂。然而，这些行为只能简单地发泄一下自己激动的情绪，于对方却无丝毫亏损，不但白白耗费了力气，甚至有可能引来别人的敌视，让自己受到更深的伤害。

小琪是一家公司的行政助理，同事们都把她当成公司的"管家"，大家事无巨细，都来找她帮忙。这样一来，小琪每天事务繁杂，忙得团团转，牢骚和抱怨也就成了家常便饭。

　　这天一大早，又听她抱怨："烦死了，烦死了！"一位同事皱皱眉头，不高兴地嘀咕着："本来心情好好的，被你一吵也烦了。"

　　其实，小琪性格开朗外向，工作认真负责，虽说牢骚满腹，该做的事情，则一点也不曾含糊。设备维护、办公用品购买、交通讯费、买机票、订客房……小琪整天忙得晕头转向，恨不得长出八只手来。再加上为人热情，中午懒得下楼吃饭的人还请她帮忙叫外卖。

　　刚交完电话费，财务部的小李来领胶水，小琪不高兴地说："昨天不是刚来过吗？怎么就你事情多，今儿这个、明儿那个的？"抽屉开得噼里啪啦响，翻出一个胶棒，往桌子上一扔："以后东西一起领！"小李有些尴尬，又不好说什么，忙赔笑脸："你看你，每次找人家报销都叫亲爱的，一有点事求你，脸马上就长了。"

　　大家正说笑着呢，销售部的王娜风风火火地冲进来，原来复印机卡纸了。小琪脸上立刻晴转多云，不耐烦地挥挥手："知道了，烦死了！和你说一百遍了，先填报修单。"单子一甩："填一下，我去看看。"小琪边往外走边嘟囔："综合部的人都死光了，什么事情都找我！"对桌的小张气坏了："这叫什么话啊？我招你惹你了？"

　　态度虽然不好，可整个公司的正常运转真是离不开小琪。虽然有时候被她抢白得下不来台，也没有人说什么。怎么说呢？应该做的，她不是都尽心尽力做好了吗？可是，那些"讨厌"、"烦死了"、"不是说过了吗"……实在是让人不舒服。特别是同一办公室的人，小琪一叫，他们头都大了。"拜托，你不知道什么叫情绪污染吗？"这是大家的一致反映。

199

年末时，公司民意选举先进工作者，大家虽然都觉得这种活动老套可笑，暗地里却都希望自己能够榜上有名。奖金倒是小事，谁不希望自己的工作得到肯定呢？领导们认为，先进非小琪莫属，可一看投票结果，50多份选票，小琪只得12张。

有人私下说："小琪是不错，就是嘴巴太厉害了。"

小琪很委屈："我累死累活的，却没有人体谅……"

什么叫费力不讨好？像小琪这样，工作都替别人做到家了，却为逞一时口舌之快，牢骚满腹，结果前功尽弃。当今社会，竞争越演越烈，我们不可能一直在竞争中处于绝对优势，更不可能捧得一份铁饭碗，"存在"固然未必"合理"，但抱怨只能令我们碌碌无为。将不满藏在心中，矫正心态，积极地去应对那些令你怨气横生的人和事，这才是聪明人该做的事。

所谓"冷语伤人"，说者无心，听者有意。我们应切记，很多事我们既然做了，就心甘情愿些吧，抱怨总是无济于事的，相反，它还会埋没你的功劳。

所以说，人还是少一点抱怨为好，毕竟抱怨真的解决不了什么问题。感到不公时不妨想想张国荣的《沉默是金》中的那几句歌词——"是非有公理，慎言莫冒犯别人，遇上冷风雨休太认真，自信满心里，休理会讽刺与质问……是错永不对，真永是真，任你怎说安守我本分，始终相信沉默是金。笑骂由人，洒脱地做人，少年人，洒脱地做人，继续行，洒脱地做人。"

人生不如意之事十有八九，偶尔唠叨两句也无妨，但切记要有个度。

九、总是感觉活得很累，
是不是追求不对

你总是觉得自己活得很累，甚至有时感觉自己无路可退，你越是挣扎，就越发疲惫。你感慨生活让人受罪，你不断求索，试图通过满足渴望来体会幸福的滋味，然而又总是得不到。其实这时，你应该停下忙碌的脚步，用心想想，自己的追求到底对不对。

是不是对生活期望过高

人生之旅，去日不远，来日无多，权与势，名与利……统统都是过眼烟云，只有淡泊才是人生的永恒。

生活需要简单来沉淀。跳出忙碌的圈子，丢掉过高的期望，走进自己的内心，认真地体验生活、享受生活，你会发现生活原本就是简单而富有乐趣的。简单生活不是忙碌的生活，也不是贫乏的生活，它只是一种不让自己迷失的方法。你可以因此抛弃那些纷繁而无意义的生活，全身心投入你的生活，体验生命的激情和至高境界。

陈庆和他的妻子吴丽原来同在一家国营单位供职，夫妻双方都有一份稳定的收入。每逢节假日，夫妻俩都会带着5岁的女儿丫丫去游乐园打球，或者到博物馆去看展览，一家三口其乐融融。后来，经人介绍，陈庆跳槽去了一家外企公司，不久，在丈夫的动员下，吴丽也离职去了一家外资企业。

凭着出色的业绩，陈庆和吴丽都成了各自公司的骨干力量。夫妻俩白天拼命工作，有时忙不过来还要把工作带回家。5岁的女儿只能被送到寄宿制幼儿园里。吴丽觉得自从自己和丈夫跳到体面又风光的外企之后，这个家就有点旅店的味道了。孩子一个星期回来一次，有时她要出差，就很难与孩子相见。不知不觉中，孩子幼儿园毕业了，在毕业典礼上，她看到自己的女儿表演节目，竟然有点不认得这个懂事却可怜的孩子。孩子跟着老师学习了那么多，可是在亲情的花园里，她却像孤独的小花。频繁地加班侵占了周末陪女儿的时间，以至于平时最疼爱的女儿在自己的眼中也显得有点陌生了。这一切都让吴丽陷入了一种迷惘和不安当中。

你是否和吴丽一样经常发现自己莫名其妙地陷入一种不安之中，然而却找不出合理的理由？面对生活，我们的内心会发出微弱的呼唤，只有躲开外在的嘈杂喧闹，静静聆听并听从它，你才会做出正确的选择，否则，你将在匆忙喧闹的生活中迷失，找不到真正的自我。

一些过高的期望其实并不能给你带来快乐，但却一直左右着我们的生活：拥有宽敞豪华的寓所；幸福的婚姻；让孩子享受最好的教育，成为最有出息的人；努力工作以争取更高的社会地位；能买高档商品，穿名贵的时装；跟上流行的大潮，永不落伍……要想过一种简单的生活，改变这些过高期望是很重要的。富裕奢华的生活需要付出巨大的代价，而且并不能相应地给人带来幸福。如果我们降低对物质的需求，改变这种奢华的生活时装，我们将节省更多的时间来充实自己。清闲的生活将让人更加自信果敢，珍视人与人之间的情感，提高生活质量。幸福、快乐、轻松是简单生活追求的目标。这样的生活更能让人认识到生命的真谛所在。

发生在人与人之间的爱情也是如此。

有一种爱情像烈火般那样燃烧，刹那间放射出的绚丽光芒，能将两颗心迅速融化；也有一种爱情像春天的小雨，悄无声息地滋润着对方的心灵。前者激烈却短暂，后者平淡却长久。其实，生活的常态是平淡中透着幸福，爱情归于平淡后的生活虽然朴实但很温馨。

爱不在于瞬间的悸动，而在于共同的感动与守候。

有一对中年夫妇，是朝九晚五的上班一族。每天早上，先生都扛着自行车下楼，妻子拿着包，一手拿一个男式公文包，一手挎个女式包。走出楼梯口以后，先生放定了自行车，接过妻子手中的两个包，把它们放在车筐里，然后再仔细地调试一下车铃、刹车；再

回头让妻子在车后座坐稳了，最后才跨上车用力一蹬，车子载着他们平稳地向前驶去。

先生从来都不会忘记回过头关照一下他的妻子，只见她如小公主一般幸福地坐在车后座上，双手优雅地搂着丈夫的腰，脸上洋溢着满足。先生举手投足间则透着对妻子的关爱，而妻子满脸的幸福也是对丈夫最好的报答。

几十年来，无数个朝朝暮暮，他们都是这么平静地生活着。岁月在他们脸上毫不留情地留下了皱纹，然而他们的心却依然年轻，仿佛还是热恋中的少男少女。骑着自行车的男人对妻子的爱虽然谈不上奢侈，但却是最朴实、最真切、最贴心的，它细微而持久，有如三月春雨淅淅沥沥地轻洒在妻子的心田。

这就是地老天荒的爱情，不必刻意追求什么轰轰烈烈的感觉；生活的点滴之中，就有一种"执子之手，与子偕老"的默契。细水长流的爱情，像春风拂过，轻轻柔柔，一派和煦，让人沉醉入迷。

耀眼的烟花很美，可那瞬间的绽放之后，就不再留存任何开放的痕迹。平淡之中的况味才值得细细体味，因为那才是生活真实的滋味。

是否把金钱看得太重

其实生活的心态是一柄双刃剑，我们通常把拥有财产的多少、外表形象的好坏看得过于重要，用金钱、精力和时间去换取一种令外界美慕的优越生活和无懈可击的外表，却丝毫没有察觉自己的内心在一天天地枯萎。

我们活着，任何时候都不要远离生活中的真善美，不能被金钱所奴役，必须保持一颗不被铜臭所玷污的心，这样才能永远与快乐同行。否则，对金钱和财富的欲望会让我们堕入痛苦的深渊。

　　所以，我们要做金钱的主人，不要被金钱所奴役！换句话说，就是不要被金钱束缚。钱只有在使用时，才会产生它的价值，假如放着不用，就根本毫无意义。一个人一旦钻进钱眼里，就是把自己送进了陷阱。人生需要金钱，更需要快乐，有了金钱也许会有更多的快乐，但用快乐去换取金钱可能就不值得了。生活中除了金钱还有其他更有意义的事情，不要一心想着钱，有时候金钱也是有毒的。如果把钱财看得太重，结果往往是对自己无益的。最终金钱不但不是为自己服务，自己反而被金钱所奴役。

　　很久以前有一个财主，生意做得特别大，每日算计、操心，有很多烦恼。挨着他家的高墙外面，住了一户很穷的人家，夫妻俩以做烧饼为生，却有说有笑，幸福美满。

　　财主的太太心生忌妒，说道："我们还不如隔壁卖烧饼的两口子，他们尽管穷，却活得非常快乐。"财主听了，便说："这个很容易，我让他们明天就笑不出来。"于是，他拿了一锭五十两重的金元宝，从墙上扔了过去。那夫妻俩发现地上不明不白地放着一个金元宝，心情立即大变。

　　第二天，夫妻俩商议，如今发财了，不想再卖烧饼了，那干点什么好呢？一下子发财了，又担心被别人误认为是偷来的。夫妻俩商量了三天三夜，还是找不到最好的办法，觉也睡不安稳，当然也就听不到他们的说笑声了。

　　财主对他的太太说："看！他们不说笑了吧？办法就是这么简单。"

　　"金钱永远只能是金钱，而不是快乐，更不是幸福。"这是希尔

的一句名言。假如一个人只盯着金钱，那么他很容易就会掉进金钱的陷阱里。我们都要小心控制自己对金钱的欲望，在生活中，没有钱什么事情也不好办，但是如果有了钱而不去合理地花销，也是一文不值。

像上文中的那对夫妻，在庆幸得到金子的同时，却失去了生活中原有的快乐，岂不是非常地得不偿失?! 由此我们说，真正的快乐与金钱无关! 其实，对于真正享受生活的人来说，任何不需要的东西都是多余的，他们不会让自己去背负这样一个沉重的包袱。人如果想活得健康一点儿、自在一点儿，任何多余的东西都必须舍弃。金钱对某些人来说，可能很重要，但对某些人来说，一点也不重要。不要做金钱的奴隶，金钱不是万能的，它不能买到世间的一切。

要知道，幸福和快乐原本是精神的产物，期待通过增加物质财富而获得它们，岂不是缘木求鱼? 当我们为了拥有一辆漂亮小汽车、一幢豪华别墅而加班加点地拼命工作，每天半夜三更才拖着疲惫的身体回到家里；为了涨一次工资，不得不默默忍受上司苛刻的指责，日复一日地赔尽笑脸；为了签更多的合同，年复一年日复一日地戴上面具，强颜欢笑……以至于最后回到家里的是一个孤独苍白的自己，长此以往，终将不胜负荷，最后悲怆地倒在医院病床上的，一定是一个百病缠身的自己。此时此刻，我们应该问问自己：金钱真的那么重要吗? 有些人的钱只有两样用途：壮年时用来买饭吃，暮年时用来买药吃。

所以说，人生苦短，不要总是把自己当成赚钱的机器。一生为赚钱而活着是非常悲哀的，学会把钱财看得淡些，不要一味地去追求享受。要做金钱的主人，不要做金钱的奴隶，最有效的办法是用自己的双手创造财富的同时，不妨多一点休闲的念头，不要忘了自己的业余爱好，不妨每天花点时间与家人一起去看场电影，去散散步，去郊游一次……如果这样，生活将会变得丰富多彩，富有情趣；心灵会变得轻松惬意，自由舒畅；生命会变得活力无限。

有钱固然是好，但是大量的财富却是桎梏。如果你认为金钱是万能的，你很快就会发现自己已经陷入痛苦之中。我们应该把自己放在生活主人的位置上，让自己成为一个真正的、完善的人。只有一个懂得享受生活情趣的人，才能让幸福快乐长久地洋溢在心间。

该怎样看待贫富

倘若我们暂时富裕，切莫鄙视或嫌弃那些不如我们的；如果我们暂时贫穷或者稍不如意，同样不必去羡慕那些整天开车、忙于应酬的人。正是由于生活是自己的，我们才能体会到那份只属于自己的幸福与甜蜜，而这绝对与贫穷或富裕没有必然的联系。

幸福绝对与贫富无关。其实很多时候我们并不知道自己真正想要的是什么。有时，财富来得太容易也太快，令许多人措手不及，于是我们背负着沉重的财富上路，去寻找心中所谓的幸福，可是幸福总是显得遥不可及。很多有钱人其实也很烦恼，因为对于他们而言，财富以及消费有时只是一种方便，而非幸福。

寒山禅师曾作诗偈《东家一老婆》来指导人们应该如何看待贫富：

东家一老婆，富来三五年。

昔日贫于我，今笑我无钱。

渠笑我在后，我笑渠在前。

相笑傥不止，东边复西边。

寒山禅师这首诗偈寓意很深。以生活中一种常见的社会现象，提出令人深思的严肃问题。过去被我看不起的穷者，富了之后反笑我寒酸。我笑他在前，他笑我在后，笑与被笑的位置不断变换，必将陷入无穷的悲与喜的轮回之中。然而一旦做到了既不因贫贱羡人，也不以富贵骄人，超脱于世俗的祸福之外，唯求自心清静，律己自重，这样就不会陷入"东边复西边"的无尽烦恼之中了。

曾听过这样一个故事：

说是某人在美国工作多年，这一年春节回家探亲，亲戚邻里问起他在美国的生活，听完他的回答，个个都投以羡慕的目光。谁知该人突然冒出一句："美国人的生活不如中国人！"众人大感不解："这话是怎么说的？我们论住房条件、论出行工具等，有哪一样能跟美国人比呢？"

这时，该人说道："恕我唐突地问大家一句，你们之中有谁是举债过日子的？"众人摇头，一个都没有。只听该人继续说道："不错，美国人在物质生活方面，的确比国人要好，他们住房宽敞、明亮，家家都有花园，出门有汽车代步，这是国人目前不能比的。但他们的一切几乎都是赊来的，他们买房、买车都是向银行贷款。他们每天拼命工作，就是为了还债，可很多人直到死也无法还清，一生就生活在压力之下。反观中国人，我们虽然辛苦一点，但不欠债，工作之余三杯两盏淡酒，何等自在，美国人眼红都来不及呢！"

或许大多数人都与那位朋友的邻居一样，认为美国人的生活要比中国人好很多。诚然，美国人的物质生活条件确实要高出国人不少，但他们大多"债台高筑"，这是不争的事实。或许在美国人看来，每日辛勤劳作，但一直在享受，这便是幸福。

受传统文化影响，国人大多不愿"举债过日"，几乎家家户户都有一本存折，存款多少暂不去说，但有了这本折子，中国人的心里就会觉得踏实，觉得幸福，他们或许没有美国人那样懂得享受，但至少他们心里感到安宁。

有段时间媒体上出现这样一则标语——"谁富裕谁光荣，谁贫穷谁无能"。标语很醒目，真切地反映了人们渴望富裕、追求富裕的迫切心情。然而它的表述却令人觉得别扭，甚至有些不入耳。难道说，富裕了就可以瞧不起那些贫困的人，那些贫困的人就应该自卑下去吗？

其实富者无非在某些时候或某些方面抓住了机遇，成为了富人，然而为富不仁、嫌贫爱富就是贫困的另一种表现，而这种表现让整个社会都厌恶。以贫富论英雄，是一种狭义的贫富观。中国著名的数学家陈景润算是穷到家了，但是谁又能鄙视陈景润呢？还有历代以来的那些清官、廉官，谁又能说他们无能而鄙视他们呢？

因此说，不管是谁，都不要因为自己身处的位置而骄傲或者自卑、鄙视或者羡慕，正如一句广告词说的"每个人都有自己的舞台"，只要自己正视这点，我们都将是富有的人。

莫伸手！那是不义之财

做人，如果控制不了自己的欲望，那么就会成为欲望的奴隶，最终要被欲望所淹没。人之求利，情理之常，但君子爱财，应取之有道，如果放纵贪念，强取豪夺，只能让人唾弃，到头来更是得不偿失。

孔子说："不义而富贵，于我如浮云。"孔子认为，"义"是一个人立足于世的根本。那些道德高尚的人重义轻利，他们必然会被世人所尊敬，而那些品行低下的人则多重利轻义，这样的人一定会被世人所唾弃。乍一看来，似乎在孔子的思想中，"义"与"利"是相对的，其实并非如此。利即利益、富贵，客观地说，没有任何一个人会讨厌得到利益，孔子也不例外。他曾表示，如果可以求得富贵，那么即使做个车夫也无所谓。不过他又强调，一个人无论对富贵多么渴望，但必须遵循一个原则——得之于正道。

由此可见，"利"与"义"本身并不冲突，关键是我们以怎样一种方式去得到利益。倘若摆在我们眼前的利益是符合"义"的，那么尽管去取便是；倘若这利益不符合"义"字，那么就不要被它所诱惑，而应毫不犹豫地远离它。

有一个专做老红木家具生意的古董商，在一处偏僻的小山村里，无意间发现了一个十分珍贵的老式红木旧柜子。他惊喜万分，但过后不久，古董商开始动了心思。他先是与柜子的主人闲扯聊天，然后又假装在不经意间、小心翼翼地扯到了柜子上。随后，开价500元人民币准备购买。

山里人从来没有见过这么多钱，他把古董商看得直发毛。最后，山里人终于同意了，古董商一颗"怦怦"乱跳的心才算稳了下来。

但他马上又开始后悔了。原来，当看到山里人这么爽快地答应下来，他就觉得自己吃亏了。"根本就不应该出500元，也许300元足够了。"但是，还不能反悔，这样很容易让对方看出破绽。于是，古董商不死心地围着房前屋后细细琢磨。

真巧，居然找到了一把脏兮兮的红木椅子！他对主人说："这个柜子实在太破了，拿回去也修不好，只能当柴火烧。"

山里人喃喃道："要不，你就别要了。"

古董商非常大度地一挥手："说出的话，怎能随便咽回去？这样吧，你干脆把那把椅子也送给我算了。"

山里人本来就有些自感惭愧，听他这样说，当然感激地连连点头。

古董商笑道："那我明天早上再来取这些柴火。"

第二天一早，当古董商带着车来装运柜子和椅子时，看到门前有一堆柴火，山里人走出来说："您大老远地来一趟不容易，我已经替你把柴火劈好了。"

"后来呢？"有人问古董商。

古董商非常平静地从书架上取出一根木头。用右手做了一个"八"字形，原来，除了500元木头款外，还支付了300元的劈柴费。停了一会儿，古董商非常认真地说："其实，这800元应该算学费，因为从此我知道了过分贪婪将意味着什么。"

当道义与利益发生冲突时，正是对一个人道德操守的最大考验。遗憾的是，我们之中有很多人在这种考验面前，都显得不是那么合格，更有甚者，甚至完全弃道义于不顾，着实让人痛心疾首。案例中的古董商在"义"与"利"面前的表现，起初显然是不合格的，好在他最终迷途知返，给自己那颗被利益蒙蔽的心做了一番彻底的清洗。

正所谓"君子喻于义，小人喻于利"，千百年来，仁义与否一直是国人区分善人与恶人的根本标准，而仁义道德也一直是国人努力遵循的行为及生活准则。"仁"与"义"二者互为表里，言语行为都符合一个"义"字，则可称之为"仁"；内心常怀仁念者，则言行必能体现出"义"。在孔子看来，即便是吃粗粮野蔬，喝无味冷水，以臂为枕，也能够乐在其中，而以不道德的方式得来的富贵，对他而言就像浮云一样。这才是君子应有的人生态度。

古往今来，圣贤们也都在谆谆告诫后人，可以留意于物，但不能流连于物，更不能为物所役。诚然，欲望，人皆有之，而事实上欲望本身也并非都不好，可欲望一旦过了度，就会变成贪欲，人也

随之成了欲望的奴隶。锁住欲望，就是锁住了贪婪！贪婪是灾祸的根源。过分的贪婪与吝啬，只会让人渐渐地失去信任、友谊、亲情等；物欲太盛造成灵魂变态，精神上永无快乐，永无宁静，只能给人生带来无限的烦恼和痛苦。

可见，每个人都必须要懂得控制自己的欲望，善待财富，切忌吝啬与贪婪；还要自由地驾驭外物，将钱财用之于正道，凭借自己的才能智慧赚取钱财，去助人成就好事。

其实钱财乃身外之物，生不带来，死不带去。得之正道，所得便可喜；用之正道，钱财便助人成就好事。如果做了守财奴，一点点小钱也看得如性命，甚至为了钱财忘了义理，为一得失不惜毁了容颜、丢掉性命，那也就是为物所役，那"倒不如无此一物"了。

懂一点——安贫乐道

"安贫乐道"，其真正含义并不是要我们安于贫困，它是一种生活理念。"贫"并非"食不果腹，衣不蔽体"，它所强调的是一种简约的生活态度。即不奢望过高，不追求奢靡，以坚守自己的道德操守为乐，这便可以称之为"安贫乐道"。

世事沧桑变幻，贫富皆尽体味。一切铅华洗净之后，粗茶淡饭亦是人生真正的滋味。做人，应超脱尘世俗物的牵绊，看清人生真正最具价值的所在。

现在有的人多不安分，即使有了财富、名位、权势，我们仍然在不停追逐，常常压得自己喘不过气来。于是，我们经常莫名其妙地陷入一种不安之中，而找不出合理的理由。面对生活，我们的内心会发出微弱的呼唤，只有躲开外在的嘈杂喧闹，静静聆听并听从它，才会做出正确的选择，否则，将在匆忙喧闹的生活中迷失，找不到真正的自我。为了舒缓心情，有的人借着出国旅游去散心解闷，希冀能求得一刻的安宁，但终究不是根本之策。

有这样一个故事：

一位富翁来到一个美丽寂静的小岛上，见到当地的一位农民，就问道："你们一般在这里都做些什么呀？"

"我们在这里种田过活呀！"农民回答道。

富翁说："种田有什么意思呀？而且还那么辛苦！"

"那你来这里做什么？"农民反问道。

富翁回答："我来这里是为了欣赏风景，享受与大自然同在的感觉！我平时忙于赚钱，就是为了日后要过这样的生活。"

农民笑着说："数十年来，我们虽然没有赚很多钱，但是我们却一直都过着这样的日子啊！"

听了农民的话，这位富翁陷入了沉思……

也许，生活简单一点，心理负荷就会减轻一些。外出到远方，眼前的繁华美景，不过是一时的安乐。与其辛苦地去更换一个环境，不如换一个心境，任人世物转星移，沧海桑田，做个安贫乐道、闲云野鹤的无事人。

所以，人要真正获得自在、宁静，最要紧的就是安贫乐道。孔子的"申申如也，夭夭如也"是一种安贫乐道；颜回"一瓢饮，一箪食，人不堪其忧，而回亦不改其乐"也是一种安贫乐道；东晋田园诗人陶渊明"采菊东篱下，悠然见南山"亦是一种安贫乐道；近代弘一法师"咸有咸的味，淡有淡的味"还是一种安贫乐道。安贫乐道，无疑是一种极为高明的生活态度。即遇茶吃茶，遇饭吃饭，积极地接受生活，享受生活，因为只有这样，才能体会到生活中

的快乐。

那么，如何才能做到安贫乐道呢？我们需要认识到，幸福与快乐源自内心的简约，简单使人宁静，宁静使人快乐。人心随着年龄、阅历的增长而越来越复杂，但生活其实十分简单。保持自然的生活方式，不因外在的影响而痛苦抉择，便会懂得生命简单的快乐。

世界上的事，无论看起来是多么复杂神秘，其实道理都是很简单的，关键在于是否看得透。生活本身是很简单的，快乐也很简单，是人们自己把它们想得复杂了，或者人们自己太复杂了，所以往往感受不到简单的快乐，其实，这一切都是因为我们弄不懂生活的意味。

我们常常这样感叹：生活太累！快乐离我们太远。其实，不是快乐离我们太远，而是我们根本不知道自己和快乐之间的距离；不是寻找快乐太难，而是我们活得不够简单。

人生当中有太多的诱惑，如果我们在各种诱惑面前分不清、看不明，那么只能是盲目地随波逐流，身不由己地为名利而像陀螺一样不停地旋转，为了功名利禄、锦衣玉食不停地追逐。等到喧嚣过后，一切归于寂静，才发现自己已经是千疮百孔，连自己原本拥有的快乐都已经丢失掉了。

快乐就源自于自己的心底，是一种与财富、名利、地位无关的精神状态。现代人为了名利、财富、金钱而疲于奔命，有时候甚至置亲情、个人健康于不顾，最终丢失了亲情、透支了身体。在心里，生怕失去了任何一个可以利用的机会，却又逢人便感叹："唉，活得真累！"累什么呢？不就是累财、累名、累地位、累一己之得失、累个人的利益而已吗？怎么才能不累？这显然需要一颗安贫乐道的心。

悟一些——知足常乐

人生在世，贵在懂得知足常乐。拥有一颗豁达开朗平淡的心，在缤纷多变、物欲横流的生活中，拒绝各种诱惑，心境变得恬适，生活自然就愉悦了。而人之所以有烦恼，就在于不知足，整天在欲望的驱使下，忙忙碌碌地为着自己所谓的"幸福"追逐、焦灼、钩心斗角……结果却并非所想。

其实我们不知道，布衣茶饭也可以乐终身。做人，不可让过多的欲望堵塞心智，蒙蔽双眼。物欲过多，则灵魂变态，人将永不知足，以致精神上永无宁静、永无快乐。

知足常乐，任谁都能读懂的四个字，可真正做起来又是何其不易！大千世界、芸芸众生，有几人能够悟透这种境界？尤其是在这纷繁复杂的社会中，我们究竟怎样才能避开"不知足"的诱惑呢？俗语说"知足天地宽，贪则宇宙窄"。是的，只要我们放下肩头利欲的重担，拉住知足的手，珍惜所得到、所拥有的一切，就能在知足中进取，快乐便会永远陪伴左右。

可是，我们往往很难按捺住这颗躁动的心，于是我们因为"不自知"不断地去争、去取、去夺，然而，成功和满足却依旧离我们那样遥远。即便真的很困、很累、很疲倦，但我们却从不肯让自己歇息片刻，而这一切只是为了"知足"。殊不知，凡事没有最好，只有更好，你若得陇望蜀，那么就永远也无法获得满足。

古希腊哲学家苏格拉底还是单身的时候，和几个朋友一起住在

一间只有七八平方米的房子里，但他却总是乐呵呵的。有人问他："和那么多人挤在一起，连转个身都困难，有什么可高兴的？"

苏格拉底说："朋友们在一起，随时都可以交流思想，交流感情，难道不是值得高兴的事情吗？"

过了一段时间，朋友们都成了家，先后搬了出去。屋子里只剩下苏格拉底一个人，但他仍然很快乐。那人又问："现在的你，一个人孤孤单单的，还有什么好高兴的？"

苏格拉底又说："我有很多书啊，一本书就是一位老师，和这么多老师在一起，我时时刻刻都可以向他们请教，这怎么不令人高兴呢？"

几年后，苏格拉底也成了家，搬进了七层高的大楼里。但他的家在最底层，底层的境况是非常差的，既不安静，也不安全，还不卫生。那人见苏格拉底还是一副乐呵呵的样子，便问："你住这样的房子还快乐吗？"

苏格拉底说："你不知道一楼有多好啊！比如，进门就是家，搬东西方便，朋友来玩也方便，还可以在空地上养花种草，很多乐趣呀，只可意会，无法言传。"

又过了一年，苏格拉底把底层的房子让给了一位朋友。因为这位朋友家里有一位偏瘫的老人，上下楼不方便，而他则搬到了楼房的最高层。苏格拉底每天依然快快乐乐。那人又问他："先生，住七楼又有哪些好处呢？"

苏格拉底说："好处多着呢！比如说吧，每天上下几次，这是很好的锻炼，有利于身体健康；光线好，看书写字不伤眼睛；没有人在头顶干扰，白天黑夜都非常安静。"

其实，知足也无非是在一念之间，当你得到了生命中正常所需，你感到满足，那么快乐即会随之而来；相反，倘若你所求的过多，永远不肯停止索求的脚步，那么你将很难感受到快乐。一个快乐的人并不一定要多富有、多有权势，快乐的理由很简单——懂得知足。须知，幸福的真谛就是快乐，而快乐又往往来源于知足！知足会使你的生活变得更加简约，会为你卸去那些不必要的负担，开阔你的视野、放松你的身心。使你成为真正的自己，享受真实的自己，过上轻松惬意的生活。

然而，今时今日，消费文化助长了不满，使人们对物质的渴望日益增强，知足似乎已经成为相当困难的事情。要想达成这种心态，毫无疑问需要一个属于自己的过程去历练，而每个人的人生轨迹又不尽相同，所以说如何获得知足心态，并没有什么放之四海皆准的方法。但大体上说，仍有几个关键要素可助我们走向生命中的知足：

首先，心怀感恩。一个懂得感恩的人才会看重生命中所拥有的东西，而不是所缺少的。那么闲暇之余不妨静心想想，你的生命中已经拥有了什么，它们是不是该值得你去感恩？请回答"是"。

其次，控制心态。不要总是想着"如果我得到……该有多好"，试着去控制自己的生活，请记住，幸福并不取决于物质，而是在于你以怎样的心态去生活。

再次，停止比较。不断地拿自己与他人做比较，这样只会使你陷入不满，因为这个世界上总有人在某一方面比你好。其实，每个人的人生都有好的一面，而别人的生活也未必像你想象的那般美好。所以请记住，你的生活其实一直也是不错的。

总而言之，人生短短数十载，真的没有必要给自己的心灵增加太多的负担，更没有必要对生活产生太多的不满。生活免不了存在缺陷，只要能够珍惜"我所有"，让自己抱有一颗知足的心，以一颗平常心去寻找生活中快乐的亮点，你的内心就一定能够阳光永驻。如此，生活就不会那般沉重，更不会让你充满怨言。

所以，如果你想活得更快乐一些，就请知足吧！生命是何其短

暂，我们何必要用欲望来折磨自己？人生知足才能常乐！常乐才能幸福。

活得随意些

人生是公平的，你要活得随意些，或许就只能活得平凡些；你要活得辉煌些，或许就只能活得辛苦些；你要活得长久些，或许就只能活得简单些。

成功是我们一生追求的目标，可是在人生的路上，衡量成功还是失败绝非只有结果这个唯一的标准。而且我们还应该考虑一下，我们盯着这个"成功"付出了怎样的代价，是得大于失，还是失大于得。

一位天文学家每天晚上外出观察星象。

一天晚上，他在市郊慢慢前行时，不小心掉进一口枯井里。他大声呼救。

正巧一个过路的和尚听见了，急忙赶过来救他。和尚看见天文学家的狼狈样，不禁感叹道："施主，你只顾探索天上的奥秘，怎么连眼前的普通事物也视而不见了？"

那天文学家却说："对于我而言，探索到天上的奥秘是我的梦想，也标志着我人生的成功。"和尚只有无奈地摇头。

对成功的定义，应该说是仁者见仁，智者见智。有的人认为腰缠万贯才是成功，可是财富却往往与幸福无关。纽约康奈尔大学的经济学教授罗伯特·弗兰克说：虽然财富可以带给人幸福感，但并不代表财富越多人越快乐。一旦人的基本生存需求得到满足后，每一元钱的增加对快乐本身都不再具有任何特别意义，换句话说，到了这个阶段，金钱就无法换算成幸福和快乐了。

如果一个人在拼命追求金钱的过程中，忽略了亲情，失去了友谊，也放弃了对生命其他美好方面的享受，到最后即便成了亿万富翁，不也难以摆脱孤独和迷惘的纠缠吗？所以并非是金钱决定了我们的愿望和需求，而是我们的愿望和需求决定了金钱和地位对我们的意义。你比陶渊明富足一千倍又怎么样，你能得到他那份"采菊东篱下，悠然见南山"的怡然吗？

在美国新泽西州，有一位叫莫莉的著名兽医劝告人们向动物学习。她拿鸟做例子说："鸟懂得享受生命。即使最忙碌的鸟儿也会经常停在树枝上唱歌。当然，这可能是雄鸟在求偶或雌鸟在应和，不过，我相信它们大部分时间是为了生命的存在和活着的喜悦而欢唱。"

可是作为万物之灵长的人类，在对待生命的态度上却未必能有这种豁达，有的人穷其一生，都无法达到这样的境界。有的人认为，得到了金钱就得到了幸福，这是多么可笑的想法！可见，他们并不知道金钱和幸福是没有必然联系的。有了金钱，并不一定就会带来幸福，反而因为金钱而引发不幸的事例倒是比比皆是。

还有的人认为只有拥有了盛名，才意味着成功。殊不知，功名利禄不过是过眼烟云，生命的辉煌恰恰隐藏在平凡生活的点滴之中。也有的人认为权倾一时就是成功，更有的人认为出类拔萃才是成功，平庸就意味着失败，可是生活的真实却往往是有些人看起来很普通，活得却是挺来劲儿。哥伦比亚大学的政治学教授亚力克斯·迈克罗斯发现，那些脚踏实地、实事求是的人往往比那些好高骛远的人快乐得多。

其实谁也不至于活得一无是处，谁也不能活得了无遗憾。一个

九、总是感觉活得很累，是不是追求不对

人不必太在意自己的平凡，平凡可以使生命更加真实；一个人不必太在意未来会如何，只要我们努力，未来一定不会让我们失望；一个人不必太在意别人如何看自己，只要自己堂堂正正，别人一定会对我们尊重；一个人不必太在意得失，人生本来就是在得失间循环往复的。

一个人要想生活得快乐，就要学会根据自己的实际情况来调整奋斗目标，适当压制心底的欲望。不要因为自己才质平庸而闷闷不乐，生活中，智慧与快乐并无联系，反倒是"聪明反被聪明误"、"傻人有傻福"的例子俯拾皆是。

很多人年轻的时候无忧无虑地生活，虽然没有钱，没有名，没有地位，但是他们真的很快乐，什么都不用想，只做自己喜欢做的事情。可是当他们开始追求人人向往的传说能带给他们幸福快乐的各种东西之后，却渐渐地发现自己不得不放弃那些他们喜欢做的事情了，而他们得到的却并没有给他们带来多少快乐，带来的反而是负担，压得他们无法追求别的东西，压得他们无法轻松地面对自己真正的梦想。这时他们往往会痛苦不堪地一遍一遍地问自己："为什么得到的都是我不想要的，而我想要的却总是得不到？"

其实，从某种意义上讲，人生中，一个男人最大的成就是有一个好妻子，一个女人最大的成功是有一个好孩子，一个孩子最大的成功是能心理和生理都健康地成长。这才是最踏实的生活。

快乐是简单的

简单的生活，快乐的源头，为我们省去了汲汲于外物的烦恼，又为我们开阔了身心解放的快乐空间。"简单生活"并不是要你放弃追求，放弃劳作，而是要我们抓住生活、工作中的本质及重心，以四两拨千斤的方式去掉世俗浮华的琐务。

试想，如果我们心中填满功名利禄，脑中充塞财势情欲，又何来闲情欣赏江山秀丽？因此，纵然百花灿烂，亦与你无干；纵然白雪皑皑如何宜人，你亦视而不见！这是何苦？又是何必？！

据说从前有一位大珠慧海禅师，他的修行已经达到了非常高的境界，远近皆知，很多人都慕名前来请教禅理。一天，一位来自律宗的有源律师前来拜访慧海禅师。

有源律师问慧海禅师："禅师，您的境界这么高，修行用功有何秘诀？"

慧海禅师回答："我没什么特别的方法，每一天只是饥来吃饭，困来即眠。"

有源律师有些不解，问道："每个人也都是吃饭睡觉，那岂不是和禅师一样在修行用功了吗？"

慧海禅师说："不一样！"

有源律师继续问道："怎么不一样？不都是吃饭睡觉吗？"

慧海禅师说："我和他们当然不一样。一般人吃饭时不肯吃饭，百般思索；睡觉时不肯睡觉，千般计较，所以有所不同！"

佛教的禅理总是借象征与隐喻将深奥的道理寓于浅显的生活经验之中，让世人去领会、去参悟。其实，生活本来就是很简单，肚子饿了就吃饭，乏了、困了就睡觉，再简单不过的事情，却被我们弄得那般复杂。

我们终日为名利奔波，将自己弄得如同一部高速运转的机器一般，还以为自己是如何地有拼劲、如何地吃苦耐劳，到头来，拿着年轻时赚的钱为自己的健康埋单。

饥来吃饭，困来即眠，简单、自然就是福气。可是，又有几人

221

能够遵循这最基本的常识呢？该吃饭时，为了工作、为了减肥，忍饥挨饿；不该吃饭时，虽然酒足饭饱，为了应酬硬要大吃大喝，结果落得一身病患。睡眠呢？同样得不到保证，还是为了加班、为了所谓的应酬，常常熬夜、通宵达旦，时间久了又怎能不生病？

其实，人们吃不香、睡不着，还是因为精神压力太大、负累太多。房子总是觉得太小，车子总感觉没别人的好，钱怎么赚都嫌少。一个欲求得到满足，马上便会衍生出下一个欲望，得不到就想要，得到了又怕失去，总是患得患失，心态无法达到平衡，因而寝食难安，时时都在烦恼。

这时，我们需要简约一下自己的内心，因为简单是福。

世界上的事，无论看起来是多么复杂神秘，其实道理都是很简单的，关键在于是否看得透。生活本身是很简单的，快乐也很简单，是人们自己把它们想得复杂了，或者是人们自己太复杂了，所以往往感受不到简单的快乐，他们弄不懂生活的意味。

睿智的古人早就指出："世味浓，不求忙而忙自至。"所谓"世味"，就是尘世生活中为许多人所追求的舒适的物质享受、为人欣羡的社会地位、显赫的名声，等等。今日的某些人追求的"时髦"，也是一种"世味"，其中的内涵说穿了，也不离物质享受和对社会地位的尊崇。

可怜的某些人在世俗的强大鼓动下，"世味"一"浓"再"浓"，疯狂地紧跟时髦生活，结果"不知不觉地陷入了金融麻烦中"。尽管他们也在努力工作，收入往往也很可观，但收入永远也赶不上层出不穷的消费产品的增多。如果不克制自己的消费欲望，不适当减弱浓烈的"世味"，他们就不会有真正的快乐生活。

菲律宾《商报》登过一篇文章。作者感慨她的一位病逝的朋友一生为物所役，终日忙于工作、应酬，竟连孩子念几年级都不知道，留下了最大的遗憾。作者写道，这位朋友为了累积更多的财富，享受更高品质的生活，终于将健康与亲情都赔了进去。那栋尚在交付贷款的上千万元的豪宅，曾经是他最得意的成就之一。然而豪宅的气派尚未感受到，他却已离开了人间。作者问："这样汲汲营营追求身外物的人生，到底快乐何在？"

这位朋友显然也是属"世味浓"的一族，如果他能把"世味"看淡一些，像陈美玲那样"住在恰到好处的房子里，没有一身沉重的经济负担，周末休息的时候，还可以一家大小外出旅游，赏花品草……"这岂不是惬意的生活？

陈美玲写道："'生活简单，没有负担'，这是一句电视广告词，但用在人的一生当中却再贴切不过了。与其困在财富、地位与成就的迷惘里，还不如过着简单的生活，舒展身心，享受用金钱也买不到的满足来得快乐。"

简单的生活是快乐的源头，它为我们省去了欲求不得满足的烦恼，又为我们开阔了身心解放的快乐空间！

简单就是剔除生活中繁复的杂念、拒绝杂事的纷扰；简单也是一种专注，叫作"好雪片片，不落别处"。生活中经常听一些人感叹烦恼多多，到处充满着不如意；也经常听到一些人总是抱怨无聊，时光难以打发。其实，生活是简单而且丰富多彩的，痛苦、无聊的是人们自己而已，跟生活本身无关；所以是否快乐、是否充实就看你怎样看待生活、发掘生活。如果觉得痛苦、无聊、人生没有意思，那是因为不懂快乐的原因！

快乐是简单的，它是一种自酿的美酒，是自己酿给自己品尝的；它是一种心灵的状态，是要用心去体会的。简单地活着，快乐地活着，你会发现快乐原来就是："众里寻他千百度，蓦然回首，那人却在灯火阑珊处。"

223

十、一辈子无非图个乐，为何你就眉紧锁

生活原本有很多乐趣，为什么你总是愁眉紧锁？关键还在于你的心态，一个人心里想着快乐的事情，他就会变得快乐；心里想着伤心的事情，心情就会变得灰暗。那么，我们为何不放下烦恼，让自己活得更加快乐呢？现在，请仔细想一想，你究竟应该放下些什么。

是否心中有事不能忘

　　自我们出生的那一刻起，上天便赐给了我们很多宝贵的礼物，这其中之一就是遗忘。不过，我们总是看不到它的珍贵，往往总是在过度强调记忆的好处以后，却忽略了遗忘对于我们的重要性。

　　对于过去因一时的过错而带来的不幸和挫折，我们不应耿耿于怀，须臾不忘。我们不要总停留在过去，过去的成功也罢失败也好，都不能代表现在和未来。

　　可以说人的一生由无数的片段组成，而这些片段可以是连续的，也可以是风马牛毫无关联的。说人生是连续的片段，无非是人的一生平平淡淡、无波无澜，周而复始地过着循环往复的日子；说人生是不相干的片段，因为人生的每一次经历都属于过去，在下一秒我们可以重新开始，可以忘掉过去的不幸、忘掉过去不如意的自己。

　　在雨果不朽的名著《悲惨世界》里，主人公冉·阿让本是一个勤劳、正直、善良的人，但穷困潦倒，度日艰难。为了不让家人挨饿，迫于无奈，他偷了一个面包，被当场抓获，判定为"贼"，锒铛入狱。

　　出狱后，他到处找不到工作，饱受世俗的冷落与耻笑。从此他真的成了一个贼，顺手牵羊，偷鸡摸狗。警察一直都在追踪他，想方设法要拿到他犯罪的证据，以把他再次送进监狱，他却一次又一次地逃脱了。

在一个风雪交加的夜晚，他饥寒交迫，昏倒在路上，被一个好心的神父救起。神父把他带回教堂，但他却在神父睡着后，把神父房间里的所有银器席卷一空。因为他已认定自己是坏人，就应干坏事。不料，在逃跑途中，被警察逮个正着，这次可谓人赃俱获。

当警察押着冉·阿让到教堂，让神父辨认失窃物品时，冉·阿让绝望地想："完了，这一辈子只能在监狱里度过了！"谁知神父却温和地对警察说："这些银器是我送给他的。他走得太急，还有一件更名贵的银烛台忘了拿，我这就去取来！"

冉·阿让的心灵受到了巨大的震撼。警察走后，神父对冉·阿让说："过去的就让它过去，重新开始吧！"

从此，冉·阿让洗心革面，重新做人。他搬到一个新地方，努力工作，积极上进。后来，他成功了，毕生都在救济穷人，做了大量对社会有益的事情。

冉·阿让正是由于摆脱了过去的束缚，才能重新开始生活、重新定位自己。

人们也常说，"好汉不提当年勇"，同样，当年的辉煌仅能代表我们的过去，而不代表现在。面对过去的辉煌也好、失意也罢，太放在心上就会成为一种负担，容易让人形成一种思维定式，结果往往令曾经辉煌过的人不思进取，而那些曾经失败过的人依然沉沦、堕落。然而这种状态并非是一成不变的——

有一天，有位大学教授特地向日本明治时代著名禅师南隐问禅。

227

南隐只是以茶相待，却不说禅。

他将茶水注入这位来客的杯子，直到杯满，还是继续注入。这位教授眼睁睁地望着茶水不停地溢出杯外，再也不能沉默下去了，终于说道："已经溢出来了，不要再倒了！"

"你就像这只杯子一样。"南隐答道，"里面装满了你自己的看法和想法。你不先把你自己的杯子清空，叫我如何对你说禅呢？"

人生就是如此，只有把自己"茶杯中的水"倒掉，才能让人生注入新的"茶水"。

只是我们很容易将欢乐的时光忘却，但却对哀愁情有独钟，这显然是对遗忘哀愁的一种抗拒。换言之，人们习惯于淡忘生命中美好的一切，而对于痛苦的记忆，却总是铭记在心。难道是因为它给你的记忆深刻才无法遗忘吗？

当然不是，这完全是出于你对过去的执着。其实，昨日已成昨日，昨日的辉煌与痛苦，都已成为过眼云烟，何必还要死死守着不放？倒掉昨日的那杯茶，这样你的人生才能洋溢出新的茶香。

是否仍然活在过去

有诗云："少年易学老难成，一寸光阴不可轻。未觉池塘春草梦，阶前梧叶已秋声。""世界上最宝贵的就是'今'，最容易丧失的也是'今'，因为它最容易丧失，所以更觉得它宝贵。"

过去已然过去，所以，不要一直把它放在心上。

史威福说："没有人活在现在，大家都活着为其他时间做准备。"所谓"活在现在"，就是指活在今天，今天应该好好地生活。这其实并不是一件很难的事，我们都可以轻易做到。

燕南是某校一名普通的学生。她曾经沉浸在考入重点大学的喜悦中，但好景不长，大一开学才两个月，她已经对自己失去了信心。连续两次与同学闹别扭，功课也不能令她满意，她对自己失望透了。

她自认为是一个坚强的女孩，很少有被吓倒的时候，但她没想到大学开学才两个月，自己就对大学四年的生活失去了信心。她曾经安慰过自己，也无数次试着让自己抱以希望，但换来的却只是一次又一次的失望。

以前在中学时，几乎所有老师跟她的关系都很好，很喜欢她，她的学习状态也很好，学什么像什么，身边还有一群朋友，那时她感觉自己像个明星似的。但是进入大学后，一切都变了，人与人的隔阂是那样地明显，自己的学习成绩又如此糟糕。现在的她很无助，她常常这样想："我并没比别人少付出，并不比别人少努力，为什么别人能做到的，我却不能呢？"她觉得明天已经没有希望了，她想难道 12 年的拼搏奋斗注定是一场空吗？那这样对自己来说太不公平了。

进入一个新的学校，新生往往会不自觉地与以前相对比，而当困难和挫折发生时，产生"回归心理"更是一种普遍的心理状态。但是如果不去正视目前的困境，就会更加难以适应新的生活环境、

建立新的自信。

不能尽快适应新环境，就会导致过分地怀旧。一些人在人际交往中只能做到"不忘老朋友"，但难以做到"结识新朋友"，个人的交际圈也大大缩小。此类过分的怀旧行为将阻碍着你去适应新的环境，使你很难与时代同步。回忆是属于过去的岁月的，一个人应该不断进步。我们要试着走出过去的回忆，不管它是悲还是喜，不能让回忆干扰我们今天的生活。

一个人适当怀旧是正常的，也是必要的，但是因为怀旧而否认现在和将来，就会陷入非常态。不要总是表现出对现状很不满意的样子，更不要因此过于沉溺在对过去的追忆中。当你不厌其烦地重复述说往事，述说着过去如何如何时，你可能忽略了今天正在经历的体验。把过多的时间放在追忆上，会或多或少地影响你的正常生活。

我们需要做的是尽情地享受现在。过去的再美好抑或再悲伤，那毕竟已经因为岁月的流逝而沉淀。如果你总是因为昨天而错过今天，那么在不远的将来，你又会回忆着今天的错过。在这样的恶性循环中，你永远是一个迟到的人。不如积极参与现实生活，如认真地读书、看报，了解并接受新生事物，积极参与改革的实践活动，要学会从历史的高度看问题，顺应时代潮流，不能老是站在原地思考问题。如果对新事物立刻接受有困难，可以在新旧事物之间寻找一个突破口，例如思考如何再立新功、再创辉煌，不忘老朋友、结交新朋友，继承传统、厉行改革等，寻找一个最佳的结合点，从这个点上做起。

隆萨乐尔曾经说过："不是时间流逝，而是我们流逝。"不是吗？

在已逝的岁月里，我们毫无抗拒地让生命在时间里一点一滴地流逝，却做出了分秒必争的滑稽模样。

说穿了，回到从前也只能是一次心灵的谎言，是对现在的一种不负责的敷衍。我们要活在现在，就是指活在今天，今天应该好好地生活。这其实并不是一件很难的事，我们都可以轻易做到。

为什么总被孤独缠绕

一个人如果不想深陷孤独，那么就要走出自己狭小的空间，学着主动敞开心扉，多与人交流、沟通，多找一些事情来做，让自己有所寄托。这样做会使孤独离你而去，心灵也就更加丰盈、更加悠然。

这个世界上，男男女女或多或少都会有一些孤独感。孤独是人生的一种痛苦，尤其是内心的孤寂更为可怕。一些孤独的人远离人群，将自己内心紧闭，过着一种自怜自艾的生活，甚至有些人因此而导致性格扭曲，精神异常。

有一个女人，两年前丈夫不幸去世，她悲痛欲绝。自那以后，她便陷入了一种孤独与痛苦之中。"我该做些什么呢？"在丈夫离开她近一个月后的一天，她向医生求助，"我将去往何处？我还有幸福的日子吗？"

医生说："你的焦虑是因为自己身处不幸的遭遇之中，30 多岁

便失去了自己生活的伴侣，自然令人悲痛异常。但时间一久，这些伤痛和忧虑便会慢慢减缓消失，你也会开始新的生活——走出痛苦的阴影，建立起自己新的幸福。"

"不！"她绝望地说道，"我不相信自己还会有什么幸福的日子。我已不再年轻，身边还有一个 7 岁的孩子。我还有什么地方可去呢？"她显然是得了严重的自怜症，而且不知道如何治疗这种疾病，好几年过去了，她的心情一直都没有好转。

其实，她并不需要特别引起别人的同情或怜悯。她需要的是重新建立自己的新生活，结交新的朋友，培养新的兴趣。而沉溺在旧的回忆里，只能使自己不断地沉沦下去。

许多人总是让创伤久久地留在自己的心头，这样他的心里怎么也难以明亮起来。实际上，只要自己能放下过去的包袱，同样可以找到新的爱情和友谊。爱情、友谊或快乐的时光，都不是一纸契约所能限定的。让我们面对现实，无论发生什么情况，你都有权利再快乐地活下去。但是，我们必须明白：幸福并不是靠别人施舍，而是要自己去赢取别人对你的需求和喜爱。

让我们再来看这样一个故事。

索菲的丈夫因脑瘤去世后，她变得郁郁寡欢，脾气暴躁，以后的几年，她的脸一直紧绷绷的。

一天，索菲在小镇拥挤的路上开车，忽然发现一幢房子周围竖起一道新的栅栏。那房子已有一百多年的历史，颜色变白，有很大的门廊，过去一直隐藏在路后面。如今马路扩展，街口竖起了红绿灯，小镇已颇有些城市的味道，只是这座漂亮房子前的大院已被蚕食得所剩无几了。

可泥地总是打扫得干干净净，上面绽开着鲜艳的花朵。一个系着围裙、身材瘦小的女人，经常会在那里，侍弄鲜花，修剪草坪。

索菲每次经过那幢房子，总要看看迅速竖立起来的栅栏。一位年老的木匠还搭建了一个玫瑰花阁架和一个凉亭，并漆成雪白色，与房子很相称。

一天她在路边停下车，长久地凝视着栅栏。木匠高超的手艺令她惊叹不已。她实在不愿离去，索性熄了火，走上前去，抚摸栅栏。它们还散发着油漆味。里面的那个女人正试图开动一台割草机。

"喂！"索菲一边喊，一边挥着手。

"嘿，亲爱的。"里面那个女人站起身，在围裙上擦了擦手。

"我在看你的栅栏。真是太美了。"

那位陌生的女人微笑道："来门廊上坐一会儿吧，我告诉你栅栏的故事。"

她们走上后门台阶。当栅栏门打开的那一刻，索菲欣喜万分。她终于来到这美丽房子的门廊，喝着冰茶，周围是不同寻常又赏心悦目的栅栏。"这栅栏其实不是为我设的。"那妇人直率地说道，"我独自一人生活，可有许多人来这里，他们喜欢看到真正漂亮的东西，有些人见到这栅栏后便向我挥手，几个像你这样的人甚至走进来，坐在门廊上跟我聊天。"

"可面前这条路加宽后，这儿发生了那么多变化，你难道不介意？"

"变化是生活中的一部分，也是铸造个性的因素，亲爱的。当你不喜欢的事情发生后，你面临两个选择：要么痛苦愤怒，要么振奋前进。"当索菲起身离开时，那位女人说，"任何时候都欢迎你来做客，请别把栅栏门关上，这样看上去很友善。"

索菲把门半掩住，然后启动车子。她的内心深处有种新的感受，但是没法用语言表达，只是感到，在她那颗愤怒之心的四周，一道坚固的围墙轰然倒塌，取而代之的是整洁雪白的栅栏。她也打算把自家的栅栏门开着，对任何准备走近她的人表示出友善和欢迎。

没有人会为你设限，人生真正的劲敌，其实是你自己。别人不会对你封锁沟通的桥梁，可是，如果你自我封闭，又如何能得到别人的友爱和关怀呢？走出自己的狭小空间，敞开你的心门，用真心去面对身边的每一个人，收获友情的同时，你眼中的世界会更加美好。

所以说，一个孤独的人，若想克服孤寂，就必须远离自怜的阴影，勇敢走入充满光亮的人群里。我们要去认识人，去结交新的朋友。无论到什么地方，都要兴高采烈，把自己的欢乐尽量与别人分享。

爱已失，心不必再痴

爱情全凭缘分，缘来则聚，缘去则散，不一定非要追究谁对谁错，爱与不爱又有谁能够说得清楚？当爱来时，我们只管尽情去爱，当爱走时，就潇洒地挥一挥手吧！人生短短数十载，命运掌握在自己手中，没必要在乎得与失，热恋与分离、结婚与离婚，均如是。

我们应认识到，爱情是变化的，任凭再牢固的爱情，也不会静如止水，爱情不是人生中一个凝固的点，而是一条流动的河。

爱情中，聚聚散散、离离合合是一个很正常的事，一如四季交替，阴晴雨雪。一段爱情，未必就是一个完整的故事，故事发生了也未必就会是一个完美的结局。对于爱情，我们不要将它视为不变的约定，曾经的海誓山盟谁又能保证它不会成为昔日的风景？

邢艳艳和吴海洋是华南某名牌大学的高才生。他们俩既是同班同学，又是同乡，所以很自然地成了形影不离的一对恋人。

一天吴海洋对邢艳艳说："你像仲夏夜的月亮，照耀着我梦幻般的诗意，使我有如置身天堂。"邢艳艳也满怀深情地说："你像春天里的阳光，催生了我蛰伏的激情。我仿佛重获新生。"两个坠入爱河的青年人就这样沉浸在爱的海洋中，不久，他们便结成了幸福的家庭。

半年后，邢艳艳负笈远洋到国外深造。多少个异乡的夜晚，她思念着远在故乡的爱人。她虔诚地苦读，并以对爱的期待时时激励着自己的锐志。几年后，邢艳艳终于以优异的成绩获得博士学位，处于兴奋状态的她并未感到信中的吴海洋有些许变化，学业期满，她恨不得身长翅膀脚生云，立刻就飞到吴海洋身边，然而她哪里知道，自己的丈夫早已和别人搭上了爱的航班。邢艳艳找到吴海洋后质问他，吴海洋却真诚地说："我对你已无往日的情感了，难道必须延续这无望的情缘吗？如果非要延续的话，你我只能更痛苦。"邢艳艳只好退到别人的爱情背面，默默地舔舐着自己不见刀痕的伤口。

或许我们会站在道义的立场上，为忠于爱情的邢艳艳表示惋惜，

十、一辈子无非图个乐，为何你就眉紧锁

但又能如何？怪只能怪爱本身就具有一定的可变性。

其实，缘分这东西冥冥中自有注定，不要执着于此，进而伤害自己。但无论什么时候，我们都不要绝望，不要放弃自己对真、善、美的爱情追求。

有这样一个故事：

说是从前有个书生，和未婚妻约定在某年某月某日结婚。然而到了那一天，未婚妻却嫁给了别人。书生大受打击，从此一病不起。家人用尽各种办法都无能为力，眼看即将不久于人世。这时，一位游方僧人路过此地，得知情况以后，遂决定点化一下他。其实，这位僧人就是佛祖，佛祖来到书生床前，从怀中摸出一面镜子叫书生看。

镜中是这样一幅景象：茫茫大海边，一名遇害女子一丝不挂地躺在海滩上。有一人路过，只是看了一眼，摇摇头，便走了……又一人路过，将外衣脱下，盖在女尸身上，也走了……第三人路过，他走上前去，挖了个坑，小心翼翼地将尸体掩埋了……疑惑间，画面切换，书生看到自己的未婚妻——洞房花烛夜，她正被丈夫掀起盖头……书生不明所以。

佛祖解释道："那具海滩上的女尸就是你未婚妻的前世。你是第二个路过的人，曾给过她一件衣服。她今生和你相恋，只为还你一个情。但是她最终要报答一生一世的人，是最后那个把她掩埋的人，那人就是她现在的丈夫。"

书生大悟，瞬息从床上坐起，病愈！

是你的就是你的，不是你的就不要强求，过分的执着伤人且又伤己。

聪明人之所以与众不同，就在于他们勇于放开胸怀接受好的一面，更敢于睁大眼睛不怕痛苦地盯住坏的一面。他们深知，好的一面的好处众人皆知，坏的一面里蕴含的好处，不是每个人都可以知道的。

　　不要憎恨你曾深爱过的人，或许他还没有准备好与你牵手一生、白头到老，或许他有你所不知道的原因。不管是什么，都别太在意，别伤了自己。你应该意识到，如此优秀的你，离开谁都一样可以生活得很好。你甚至应该感谢对方，感谢他让你对爱情有了进一步的了解，感谢他让你在爱情面前变得更加成熟，感谢他给了你一次重新选择的机会，他的背叛，或许正预示着你将迎接一个更美丽的未来，因为我们还很年轻！

　　是的，只要真心爱过，背叛对于每个人而言都是痛苦的。不同的是，聪明人会透过痛苦看本质，从痛苦中挣脱出来，笑对新的生活；愚蠢的人则一直沉溺在痛苦之中，抱着回忆过日子，从此再不见笑容……

你因烦恼乱，无非绳末断

　　人生中不如意事十之八九，得失随缘吧，不要过分强求什么，不要一味地去苛求些什么。世间万事转头空，名利到头一场梦，想通了，想透了，人也就透明了，心也就豁达了。

内心空明、不被外界所扰，这是人们为人处世的快乐之本。

有这样一首诗：

春有百花秋有月，夏有凉风冬有雪。

若无闲事挂心头，便是人间好时节。

此诗首两句描写大自然的景致：春花秋月，夏风冬雪，皆是人间胜景，令人赏心悦目，心旷神怡。然而后两句将话锋一转又说，世间偏偏有人不能欣赏当下拥有的美好，而是怨春悲秋，厌夏畏冬，或者是夏天里渴望冬日的白雪，而在冬日里又向往夏天的丽日，永无顺心遂意的时候。这是因为总有"闲事挂心头"，纠缠于琐碎的尘事，从而迷失了自我。只要放下一切，欣赏四季独具的情趣和韵味，用敏锐的心去感悟体会，不让烦恼和成见梗住心头，便随时随地都可以体悟到"人间好时节"的佳境。

一个无名僧人，苦苦寻觅开悟之道却一无所得。这天他路过酒楼，鞋带开了。就在他整理鞋带的时候，偶然听到楼上歌女吟唱道："你既无心我也休……"刹那之间恍然大悟。于是和尚自称"歌楼和尚"。

"你既无心我也休"，在歌女唱来不过是失意恋人无奈的安慰：你既然对我没有感情，我也就从此不再挂念。虽然唱者无心，但是无妨听者有意。在求道多年未果的和尚听来，"你既无心我也休"却别有意境。在他看来，所谓"你"意味着无可奈何的内心烦恼，看似汹涌澎湃，实际上却是虚幻不实，根本就是"无心"。既然烦恼是虚幻，那么何必去寻找去除烦恼的方法呢？

只要我们正在经历生活，就免不了会有一些事情占据在心间挥之不去，让我们吃不下、睡不着，然而这些事情却并非那些重要而让我们非装着不可的事情，只是我们庸人自扰罢了。

有一个年轻人从家里出门，在路上看到了一件有趣的事，正好经过一家寺院，便想考考老禅师。他说："什么是团团转？"

"皆因绳未断。"老禅师随口答道。

年轻人听了大吃一惊。

老禅师问道："什么事让你这样惊讶？"

"不，老师父，我惊讶的是，你是怎么知道的呢？"年轻人说，"我今天在来的路上，看到了一头牛被绳子穿了鼻子，拴在树上，这头牛想离开这棵树，到草场上去吃草，谁知它转来转去，就是脱不开身。我以为师父没看见，肯定答不出来，却没想到你一口就说中了。"

老禅师微笑道："你问的是事，我答的是理；你问的是牛被绳缚而不得脱，我答的是心被俗务纠缠而不得解脱，一理通百事啊。"

年轻人大悟。

一只风筝，再怎么飞，也飞不上万里高空，因为被绳子牵住；一匹马再怎么烈，也摆脱不了任由鞭抽，是因为被绳子牵住。因为一根绳子，风筝失去了天空；因为一根绳子，水牛失去了草地；因为一根绳子，大象失去了自由；还是因为一根绳子，骏马无法驰骋。

细想想，我们的人生，不也常被某些无形的绳子牵着吗？某一阶段情绪不太好，是不是因为自己存在某种心结？这则故事是不是也能给你带来一些启示呢？

其实于我们而言，名利是绳，贪欲是绳，忌妒和褊狭也是绳，还有一些过分的强求也是绳。牵绊我们的绳子很多，一个人，只有摆脱这些束缚心灵的绳索，才能享受到真正的幸福，才能体会到做人的乐趣。

别让人生超负荷

在人生道路上，我们几乎随时随地都得做自我"清扫"。念书、出国、就业、结婚、生子、换工作、退休……每一次转变，都迫使我们不得不"丢掉旧我，接纳新我"，把自己重新"清扫"一遍。

生命就如同一次旅行，背负的东西越少，越能发挥自己的潜能。你可以列出清单，决定背包里该装些什么才能帮助你到达目的地。但是，记住，在每一次停泊时都要清理自己的背包，什么该丢，什么该留，把更多的位置空出来，让自己轻松起来。

我们一定有过年前大扫除的经历吧。当你一箱又一箱地打包时，一定会很惊讶自己在过去短短一年内竟然累积了这么多的东西。然后懊悔自己为何事前不花些时间整理，淘汰一些不再需要的东西，如果那么做了，今天就不会累得你连脊背都直不起来。

大扫除的懊恼经验，让很多人懂得一个道理：人一定要随时清扫、淘汰不必要的东西，日后才不会变成沉重的负担。

年轻的时候，娜塔莎比较贪心，什么都追求最好的，拼了命想抓住每一个机会。有一段时间，她手上同时拥有13个广播节目，每天忙得昏天暗地，她形容自己："简直累得跟狗一样！"

事情都是双方面的，所谓有一利必有一弊，事业越做越大，压力也越来越大。到了后来，娜塔莎发觉拥有更多、更大不是乐趣，反而是一种沉重的负担。她的内心始终被一种强烈的不安全感笼罩着。

1995 年"灾难"发生了，她独资经营的传播公司被恶性倒账四五千万美元，交往了 7 年的男友和她分手……一连串的打击直袭而来，就在极度沮丧的时候，她甚至考虑结束自己的生命。

在面临崩溃之际，她向一位朋友求助："如果我把公司关掉，我不知道我还能做什么。"朋友沉吟片刻后回答："你什么都能做，别忘了，当初我们都是从'零'开始的！"

这句话让她恍然大悟，也让她重新有了勇气："是啊！我本来就是一无所有，既然如此，又有什么好怕的呢？"就这样念头一转，没有想到在短短半个月之内，她连续接到两笔大的业务，濒临倒闭的公司起死回生，又重新走上了正常轨道。

历经这些挫折后，娜塔莎体悟到人生"变化无常"的一面：费尽了力气去强求，虽然勉强得到，但最后还是留不住；反而是一旦"归零"了，随之而来的是更大的能量。

她学会了"舍"。为了简化生活，她谢绝应酬，搬离了 150 平方米的房子。索性以公司为家，挤在一个 10 平方米不到的空间里，淘汰不必要的家当，只留下一张床、一张小茶几，还有两只做伴的狗儿。

其实，一个人需要的东西非常有限，许多附加的东西只是徒增

无谓的负担而已。简单一点，人生反而更踏实。

在人生路上，我们每个人不都是在不断地累积东西？这些东西包括你的名誉、地位、财宝、亲情、人际关系、健康等，当然也包括了烦恼、苦闷、挫折、沮丧、压力等。这些东西，有的早该丢弃而未丢弃，有的则是早该储存而未储存。

是的，有时候因为某些因素，我们并没有进行及时整理。譬如，太忙、太累，或者担心扫完之后，必须面对一个未知的开始，而你又不能确定哪些是你想要的。万一现在丢掉了，将来又捡不回来怎么办？

的确，心灵清扫原本就是一个挣扎与奋斗的过程。不过，你可以告诉自己：每一次的扫，并不表示这就是最后一次。而且，没有人规定你必须一次全部扫干净。你可以每次扫一点，但你至少应该丢弃那些会拖累你的东西。

我们甚至可以为人生做一次归零，清除所有的东西，从零开始。有时候归零是那么难，因为每一个要被清除的数字都代表着某种意义；有时候归零又是那么容易，只要按一下键盘上的删除键就可以了。

强迫自己——放下

我们不能一直沉溺在忧郁与消沉的情境里，必须尽快放下。譬如股票失利，损失了不少钱，当然心情苦闷，提不起精神，此时，必须尝试去放下；譬如期待已久的职位升迁，当人事令发布后竟然不是自己，情绪之低落可想而知，解决之道无他——只有强迫自己放下。

放下，是一种格局，是我们发展的必由之路。漫漫人生路，只有学会放下，才能轻装前进，才能不断有所收获。

一位少年背着一个砂锅赶路，不小心绳子断了，砂锅掉到地上摔碎了。少年头也不回地继续向前走。路人喊住少年问："你不知道你的砂锅摔碎了吗？"少年回答："知道。"路人又问："那为什么不回头看看？"少年说："既然碎了，回头有什么用？"说完，他又继续赶路。

故事中的少年是明智的，既然砂锅都碎了，回头看又有什么用呢？

人生中的许多失败也是同样的，既然已经无法挽回，惋惜悔恨于事无补，与其在痛苦中挣扎浪费时间，还不如重新找一个目标，再一次奋发努力。

人的一生，需要我们放下的东西很多。孟子说，鱼与熊掌不可兼得，如果不是我们应该拥有的，就果断抛弃吧。几十年的人生旅途，有所得，亦会有所失，只有适时放下，才能拥有一份成熟，才会活得更加充实、坦然和轻松。

但是，在现实生活中，许多人放不下的事情实在太多了。比如做了错事，说了错话，受到上司和同事的指责，或者好心却遭人误解，于是，心里总有个结解不开……总之，有的人就是这也放

不下，那也放不下；想这想那，愁这愁那；心事不断，愁肠百结，结果损害了自身的健康和寿命。有的人之所以感觉活得很累，无精打采，未老先衰，就是因为习惯于将一些事情吊在心里放不下来，结果把自己折腾得既疲劳又苍老。其实，简单地说，让人放不下的事情大多是在财、情、名这几个方面。想透了，想开了，也就看淡了，自然就放得下了。

人们常说："举得起、放得下的是举重，举得起、放不下的叫作负重。"为了前面的掌声和鲜花，学会放下吧。放下之后，你会发现，原来你的人生之路也可以变得轻松和愉快。

生活有时会逼迫你不得不交出权力，不得不放走机遇。然而，有时放弃并不意味着失去，反而可能因此获得。要想采一束清新的山花，就得放弃城市的舒适；要想做一名登山健儿，就得放弃娇嫩白净的肤色；要想拥有简单的生活，就得放弃眼前的虚荣；要想在深海中收获满船鱼虾，就得放弃安全的港湾。

今天的放下，是为了明天的得到。干大事业者不会计较一时的得失，他们都知道如何放下、放下些什么。一个人倘若将一生的所得都背负在身，那么纵使他有一副钢筋铁骨，也会被压倒在地。

昨天的辉煌不能代表今天，更不能代表明天。我们应该学会放下：放下失恋带来的痛楚，放下屈辱留下的仇恨，放下心中所有难言的负荷，放下耗费精力的争吵，放下没完没了的解释，放下对权力的角逐，放下对金钱的贪欲，放下对虚名的争夺……凡是次要的、枝节的、多余的、该放下的，都应该放下。